Helmut Pirc

Wildobst

im eigenen Garten

Apfelbeere, Schlehdorn, Kornelkirsche & Co

2. Auflage

Leopold Stocker Verlag
Graz – Stuttgart

Titelfoto: Helmut Pirc, Wien
Bilder im Textteil: Christian Gosch, St. Ulrich i. Gr. (Preiselbeere, Cranberry). Die restlichen Bilder und Grafiken wurden dem Verlag freundlicherweise vom Autor zur Verfügung gestellt.

Die Deutsche Bibliothek – CIP-Einheitsaufnahme

Pirc, Helmut:
Wildobst / Helmut Pirc. – Graz ; Stuttgart : Stocker, 2002
ISBN 3-7020-0956-6

Hinweis:

Dieses Buch wurde auf chlorfrei gebleichtem Papier gedruckt.
Die zum Schutz vor Verschmutzung verwendete Einschweißfolie ist aus Polyethylen chlor- und schwefelfrei hergestellt. Diese umweltfreundliche Folie verhält sich grundwasserneutral, ist voll recyclingfähig und verbrennt in Müllverbrennungsanlagen völlig ungiftig.

ISBN 3-7020-0956-6

Printed in Austria
Layout: Klaudia Aschbacher, A-8101 Gratkorn
Gesamtherstellung: Druckerei Theiss GmbH, A-9431 St. Stefan

INHALT

VORWORT

Der Begriff „Wildobstarten“ bezeichnet genaugenommen nur züchterisch nicht oder kaum bearbeitete Arten von Wildgehölzen, deren Früchte gesammelt und vom Menschen genutzt werden. Zahlreiche Arten wurden schon vor Jahrtausenden gesammelt, roh verzehrt oder verarbeitet, wie Funde, z.B. aus der Hallstattzeit und anderen archäologischen Fundorten, belegen. Seit Jahrhunderten wurden und werden auch heute noch in alten Bauerngärten Mispeln, Holunder, Schlehen, Ebereschen, Fruchtrosen und viele andere Wildobstarten kultiviert. Herkömmliche Bauerngärten wurden durch die Umstellung der Landwirtschaft zurückgedrängt, und die darin gepflanzten Wildobstarten gerieten vielfach in Vergessenheit. Heute hat sich die Situation wieder geändert: Man besinnt sich erneut auf die Vielfalt der geschmacklich einzigartigen Wildobstarten mit ihren hochwertigen Inhaltsstoffen und den zahlreichen Verwertungsmöglichkeiten.

Eine begriffliche Trennung des Wildobstes vom Obst im engeren Sinne ist kaum möglich. Beispielsweise sind vom Sanddorn und Holunder durch Auslese und Züchtung zur Fruchtnutzung besonders gut geeignete Sorten hervorgegangen, sie werden heute, wenn auch nur in geringem Ausmaß, erwerbsmäßig angebaut und dennoch zu den Wildobstarten gerechnet. Zahlreiche Wildobstarten sind bekömmliche Naschfrüchte und können roh verzehrt werden, andere wiederum sind im rohen Zustand ungenießbar oder sogar leicht giftig (z.B. Holunder), bei diesen Arten werden die Früchte erst durch Erhitzen zu geschmacklich hervorragenden und gesundheitsverträglichen Produkten. Mispeln und Schlehdornfrüchte sind erst nach den ersten Frösten für den Rohverzehr geeignet.

Neben den heimischen Wildobstarten werden in diesem Buch noch zahlreiche weitere, bei uns zwar nicht heimische, jedoch hier gut gedeihende Wildgehölze und deren Selektionen vorgestellt, die sich für eine Fruchtnutzung anbieten. Es befinden sich auch einige Arten darunter, die nur in besonders günstigen Klimaten (Weinbauklima) ausreichend winterhart sind.

Es wird auch besonders auf den Zierwert dieser Gehölze hingewiesen. Nicht zuletzt sind sie gute Bienenweiden, stellen Nähr- und Nistgehölze für zahlreiche Vogelarten dar und bieten zahlreichen Kleinsäugern Nahrung und Unterschlupf. Vielfach werden neben den Früchten auch noch Blüten, Blätter, Rinde und Wurzeln in der Volksheilkunde und für homöopathische oder pharmazeutische Zwecke genutzt, teilweise sind sie im Volksbrauchtum tief verankert, und nicht zuletzt stellt bei einigen Arten auch das Holz einen wertvollen Werkstoff dar.

Wichtig ist natürlich, daß man die Pflanzen an ökologisch richtigen Standorten pflanzt, deshalb werden auch Hinweise auf Standortansprüche gegeben. Viele Wildobstgehölze werden heute in Baumschulen mit reichhaltigem Sortiment angeboten, zahlreiche Arten lassen sich auf einfache Weise auch selbst vermehren, dazu gibt es am Ende des Buches eine kurze Zusammenstellung der wichtigsten Vermehrungsmethoden.

Frühjahr 2002 *Helmut Pirc*

GROSSE BÄUME

Bäume mit Wuchshöhen bis 20 m und mehr, wie zum Beispiel die Edelkastanie, wird man natürlich nur in sehr großen Gärten – und hier nur als Einzelbaum – verwenden. Bäume dieser Größenordnung sind eher für Anlagen mit parkähnlichem Charakter interessant.

Edelkastanie

Castanea sativa (*Fagaceae*, Buchengewächse)
Weitere Namen: Maroni, Maronen, Maronenbaum, Kescht'n

Pflanzenmerkmale und Verbreitung: Die Edelkastanie ist in Südeuropa, Nordafrika und Kleinasien natürlich verbreitet. In Mitteleuropa wurde sie vermutlich vor oder während der Römerzeit eingeführt und ist heute in wintermilden sowie sommerwarmen Gebieten mit kalkarmen Bodenverhältnissen eingebürgert. Sie wächst zu einem Großbaum von 10–30 m heran, hat meist einen kurzen, dicken, oft gedrehten Stamm mit einer tief längsrissigen Borke und eine breit ausladende Krone. Ihre wechselständig angeordneten, sommergrünen Blätter sind länglich-lanzettlich, dunkelgrün glänzend, derb-ledrig und grobgesägt sowie 12–20 cm lang. Die Blüten sind einhäusig, wobei die männlichen in auffälligen grünlichweißen, bis 20 cm langen aufrechten Ähren angeordnet sind, die weiblichen sitzen einzeln oder bis zu dreien, unscheinbar, klein und grünlich am Grunde der männlichen Blütenstände. Sie blüht im Juni bis Juli, wobei Insekten besonders von den stark riechenden männlichen Blüten angelockt werden.

Stamm und fruchtende Basistriebe der Eßkastanie (Castanea sativa)

Eignung: Dieser große Baum eignet sich nur für große Gärten und Parks, eventuell als Hausbaum für größere Gehöfte, und wird in manchen Regionen (Südsteiermark, Burgenland, in Deutschland Schwarzwald, Odenwald, Mosel-, Saar- und Nahegebiet sowie Südtirol) als Waldbaum kultiviert. Gute Bienenweide, die männlichen Blüten produzieren Nektar – Edelkastanien-Honig.

Frucht: 2–3 cm große, glänzende Nüsse (Samen), die sogenannten Maroni oder Maronen, sind in einer großen, stacheligen Fruchthülle (*Cupula*) eingebettet, mit der sie gemeinsam zur Reifezeit vom Baum fallen. Sie reifen im Oktober und sind eßbar, in früheren Zeiten waren sie in den Mittelmeerländern ein wichtiges Nahrungsmittel (Stärkelieferant). Vor allem Kohlenhydrate (ca. 43 %), Zucker, Fett (3 %) und Vitamine (Vitamin C etwa 6–40 mg / 100 g), aber auch eine große Menge an wertvollen Mineralstoffen (1,5 %) sind in den Früchten enthalten, ihr hoher Stärke- und Eiweißgehalt ist für den hohen Nährstoffwert der Früchte verantwortlich.

Verwertung: Die Früchte enthalten Saponine, dadurch schmecken sie im rohen Zustand herb. Der gute Geschmack und das volle Aroma entwickeln sich erst beim Kochen (angeritzte Früchte etwa 15 Minuten lang), Schale und Haut müssen entfernt werden. Beim Rösten platzen die Schalen auf und die Kerne können leicht entnommen werden. Eine Delikatesse stellen Maronenpüree und Maronen als Beilage zu Fleischgerichten dar. Sie können auch zu Mehl verarbeitet werden, darüber hinaus gibt es noch zahlreiche Möglichkeiten, Maronen zu exquisiten Süßigkeiten zu verarbeiten, diese mit Schokolade zu überziehen oder zu glacieren. Wegen der spezifischen Art der Kohlenhydrate sind Maroni auch für Diabetiker geeignet.

Der Absud von Blättern und Rinde wurde als Heilmittel für zahlreiche Krankheiten verwendet, unter anderem gegen Fieber, Husten, Erkrankungen der Atemwege und gegen Durchfall.

Das fäulnisresistente Holz ist sogar für Unterwasser- und als Schiffsbauholz geeignet, aber auch zur Möbel- und Faßdaubenherstellung wird es verwendet. Die bei der Bewirtschaftung der Edelkastanienwälder als Niederwald anfallenden Stangen finden seit Jahrhunderten als Rebpfähle Verwendung.

Standortansprüche und Pflege: Die Edelkastanie ist relativ gut anpassungsfähig an verschiedene Böden, sie meidet jedoch kalkhältige und nasse Böden, bevorzugt wächst sie auf mäßig feuchten, nährstoffreichen, sauren (pH-Wert 5–6), tiefgründigen Standorten. Sie benötigt warme Standorte (Weinbauklima), damit die Früchte zur Ausreife gelangen.

Krankheiten und Schädlinge: Gelegentlich treten der Kastanienwickler sowie der Kastanienrüsselkäfer auf. Problematisch ist der in manchen Regionen auftretende, aus Amerika stammende Kastanienrindenkrebs (*Endothia parasitica*), der zum Absterben der Bäume führt. Es werden große Anstrengungen unternommen, gegen diesen Krankheitsbefall widerstandsfähige Sorten zu züchten. In den Mittelmeerländern ist auch die sogenannte Tintenkrankheit (*Phytophtora*) stark verbreitet.

Vermehrung und Anzucht: Pflanzen, die nicht unbedingt zwecks Fruchtgewinnung gepflanzt werden, lassen sich einfach durch Samen vermehren, dazu müssen die Früchte sofort nach dem Abfallen angebaut oder in feuchtem Substrat bei –1 bis 2 °C gelagert und im Frühjahr in etwa 5 cm tiefen Rillen ausgelegt werden (Achtung: Mäusefraß!). Fruchtsorten werden im Winter auf gut eingewurzelte Unterlagen von *C. sativa* veredelt (Kopulation und Geißfuß), seitliches Anplatten und Okulation im Juni sind ebenfalls möglich. Einjährige Okulationen können bis zu 2 m Höhe erreichen. Bei der Pflanzung sind zu dicht gewachsene Kronen, wie sie bei Veredlungen oft auftreten, auszulichten, später reicht ein mäßiger Auslichtungsschnitt.

Sorten und Auslesen: Um die Befruchtung der Bäume sicherzustellen, sollten mehrere Exemplare verschiedener Sorten ausgepflanzt werden. Es gibt zahlreiche Sorten, auch werden Befruchtungskombinationen für den Erwerbsobstbau empfohlen. Edelkastanien werden als Obstgehölze geführt, Sorten und deren Eigenschaften sind der Obstsortenliteratur zu entnehmen. In Österreich ist unter anderem die Sorte ***Ecker 1*** mit mittelgroßen Früchten, früh einsetzendem Ertrag und guter Frosthärte bekannt. Weitere Arten mit eßbaren Früchten sind die Amerikanische Kastanie (*C. dentata*), diese ist anfällig für den Kastanienrindenkrebs und in ihrer Heimat fast ausgerottet, sowie die Japanische Eßkastanie (*C. crenata*), die gegenüber dieser Krankheit resistent zu sein scheint. Es gibt inzwischen auch resistente Sorten beziehungsweise Hybriden zwischen *C. sativa* und *C. crenata.*

GINKGOBAUM

Ginkgo biloba (*Ginkgoaceae*, Ginkgogewächse)
Weitere Namen: Silberaprikose, Entenfußbaum, Mädchenhaar-Baum

Pflanzenmerkmale und Verbreitung: Der dekorative, meist etwas sparrig wachsende Parkbaum stammt aus China, er wurde 1727 nach Europa gebracht. Er ist deshalb besonders interessant, weil er sich über Jahrmillionen hindurch kaum verändert hat, und wird als „Lebendes Fossil" bezeichnet. Der Baum trägt sehr charakteristische, zweilappige Blätter, die sich im Herbst leuchtendgelb ausfärben. Seine Blüten sind zweihäusig verteilt, es gibt also männliche und weibliche Bäume. Nur an den Bäumen mit weiblichen Blüten entwickeln sich Früchte (genaugenommen sind dies die Samen), sofern ein männlicher Baum in der Nähe steht.

Frucht: Sie werden etwa 2–3 cm groß und erinnern in Form und Farbe ein wenig an Mirabellen, daher der Name Silberaprikose. Wenn die Früchte im September / Oktober abfallen, verbreiten sie einen äußerst unangenehmen Geruch (Buttersäure!). Deshalb wartet man mit dem Einsammeln der Früchte, bis das Fruchtfleisch verrottet ist, denn nur die Steinkerne werden verwendet.

Verwertung: Man röstet die Kerne, knackt sie und verspeist sie ähnlich wie gebratene Maroni. In China und Japan werden sie als Delikatesse betrachtet.

Ginkgo wird teilweise in Plantagen angebaut, er wird heute in großen Mengen vorwiegend in der Pharmazie, aber auch in der Lebensmittelindustrie verwendet (z. B. Tee mit Ginkgo-Extrakt). In seiner Heimat dient er seit langem als Heilmittel in der Volksmedizin.

Vermehrung und Anzucht: Die Vermehrung erfolgt durch Aussaat der Samen, man muß dazu allerdings das Fruchtfleisch vor dem Stratifizieren (siehe Kapitel Vermehrung) entfernen. Die Nachkommen können dann männlich oder weiblich sein! Auch eine Vermehrung durch Grünstecklinge im Warmhaus ist möglich.

Blätter und Früchte (botanisch betrachtet handelt es sich dabei um die Samen) vom Ginkgobaum (Ginkgo biloba)

MITTELGROSSE BÄUME

Die Bäume dieser Größenordnung werden etwa 10 bis 12 m hoch, gelegentlich auch etwas höher. Sie eignen sich gut als Hausbäume, auch für größere Vorgärten. Mit ihnen lassen sich Gärten gut strukturieren, gleichzeitig bringen sie mit ihrem Blüten- und Fruchtschmuck viel Abwechslung in unsere Gärten. Auch von dieser Größenkategorie wird man im allgemeinen nur Einzelexemplare pflanzen, mitunter werden auch mehrere Bäume in naturnahen Hecken unterzubringen sein. Sie sind auch gut geeignet als Übergang zur Kulturlandschaft.

EBERESCHE

Sorbus aucuparia (*Rosaceae*, Rosengewächse)
Weitere Namen: Vogelbeere, Vogelbeerbaum, Ebschbeerbaum, Quitschernbaum, Quickenbeerbaum, Pielbeerbaum

Etwa 15 Jahre alter Baum der Thüringischen Eberesche (Sorbus thuringiaca)

Stilleben mit Fruchtständen verschiedener Ebereschen-Arten (Sorbus sp., Aronia melanocarpa)

Pflanzenmerkmale und Verbreitung: Die Eberesche ist im gesamten europäischen Raum verbreitet, im Gebirge wächst sie bis in 2.400 m Höhe (dann allerdings nur mehr strauchförmig – als eigene Unterart *S. aucuparia glabrata*) und kommt noch bis Kleinasien und Westsibirien vor. Sie wächst zu einem kleinen bis mittelgroßen Baum von 6–12 m (gelegentlich bis 20 m) heran, der durch seine relativ lockere, schmale Krone (4–6 m breit) auffällt. Wächst oft malerisch mehrstämmig. Dunkelbraune Triebe mit Lentizellen, wechselständige, unpaarig gefiederte Blätter und cremeweiße, unangenehm duftende Blüten in endständigen Trugdolden im Mai / Juni sind Erkennungsmerkmale dieser Art. Erwähnenswert ist die prächtige orange bis leuchtendrote Herbstfärbung der Blätter. Die Eberesche wächst in Jugendjahren (die ersten 20 Jahre) sehr rasch, später wird sie trägwüchsig und kann ein Alter von 80 bis 100 Jahren erreichen.

Eignung: Attraktiver Solitärbaum (Wuchs, Blüte, Früchte, Herbstfärbung) für den Hausgarten in allen Höhenlagen, auch für hohe Hecken und Abpflanzungen (strauchförmig) sowie für die Begrünung von sonnigen Böschungen. Benötigt jedoch ausreichende Boden- und Luftfeuchte! Wichtiges Gehölz für Insekten (Blüten) sowie Vögel und Säugetiere (Früchte). Wird oft auch als Straßenbaum (Überlandstraßen) und in der Dorfbegrünung verwendet.

Frucht: Kugelige, 0,8–1 (–1,5) cm große, orangefarbene bis scharlachrote, apfelartige Scheinfrüchte werden in großer Anzahl in Trugdolden gebildet. Die Baumreife erfolgt bereits Ende August bis Mitte September (zu dieser Zeit ist der Vitamin C-Gehalt am höchsten), die Fruchtreife (Vollreife) selbst tritt erst – je nach Höhenlage – im Oktober ein. An Inhaltsstoffen enthalten die Früchte viel Vitamin C (50–120 mg / 100 g Frischsubstanz), Provitamin A, große Mengen an Fruchtsäure (2,3 %), Zucker (9,4 %), Sorbit (Zuckerersatz für Diabetiker), Sorbinsäure (wird zur Lebensmittelkonservierung verwendet, da sie die Entwicklung verschiedener Schimmelpilze und Bakterien hemmt), ätherische Öle und Anthocyane. Sie enthalten vor allem Parasorbinsäure, die den herben, adstringierenden Geschmack verursacht, der die Früchte für den Rohgenuß ausschließen läßt. Dies gilt allerdings nicht für die Edel-Eberesche!

Verwertung: Die zur Reifezeit geernteten Früchte können zu Marmeladen, Gelee, Fruchtmark, Kompott und kandierten Früchten verarbeitet werden. Auch für die Backwarenherstellung und die Süßwarenindustrie sind sie von Bedeutung. Werden die Früchte zur Vollreife geerntet, so bereitet man daraus Saft, Likör, Wein, Schnaps (Ausbeute 2,7 Liter Alkohol auf 100 Liter Maische), man kann sie auch trocknen („Rosinen"). Die Früchte der Edel-Eberesche sind darüber hinaus auch für den Rohverzehr geeignet.

Das weiße, im Kern rotbraune Holz ist elastisch und feinfasrig, für Furniere, Büchsenschäfte, von Drechslern, Schnitzern und Tischlern verwendet.

Junger Baum mit natürlich gewachsener Krone

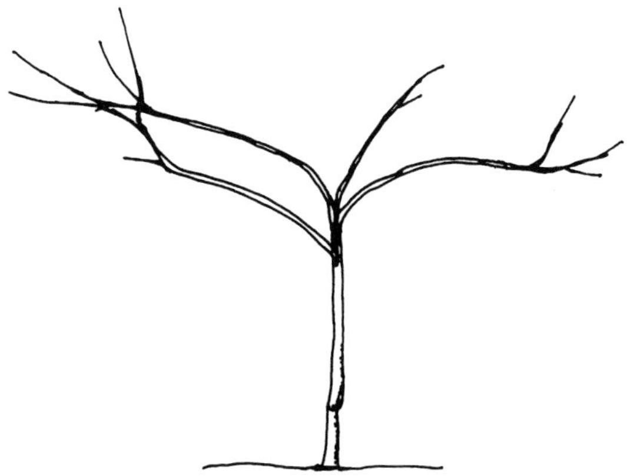

Junger Baum mit formierter Krone, die Äste wurden im etwa 45°-Winkel heruntergebunden

Standortansprüche und Pflege: Die Eberesche bevorzugt frische bis feuchte, mäßig nährstoffreiche Böden mit leicht saurer bis kalkhältiger Bodenreaktion. Der frostharte Baum wächst von sonnigen bis halbschattigen Standorten, reagiert aber empfindlich auf Trockenheit und Hitze. Schnittmaßnahmen sind nicht nötig, die Eberesche regeneriert sich nach einem Rückschnitt (falls dies aus Platzgründen einmal notwendig werden sollte) aber sehr gut. Um guten und frühzeitig einsetzenden Fruchtertrag zu erhalten, sollten die Pflanzen im zweiten Standjahr formiert werden, dies gilt insbesondere auch für die eßbare Eberesche. Die Triebe sollten dazu etwa 1–2 m lang sein, sie werden dann auf einen 45°-Winkel heruntergebogen. Später sollte möglichst wenig geschnitten werden, da sich nur an den Endknospen älterer Fruchtruten oder Fruchtspieße Blüten bilden.

Krankheiten und Schädlinge: Ebereschenfruchtmotte (besonders in luftfeuchten Lagen), diese tritt auch an Äpfeln (Apfelmotte) auf; daneben können noch zahlreiche weitere Insektenarten auftreten, Ebereschen-Monilia (Zweigdürre und Fruchtfäule) ist gelegentlich ein Problem, ebenso Wildverbiß durch Hasen (und Rotwild).

Vermehrung und Anzucht: Die Wildform wird durch Samen, die stratifiziert werden müssen, vermehrt. Selektionen und Auslesen müssen veredelt werden. Als Unterlagen kommen Sämlinge der Art, Quitte und Weißdorn (für schwächeren Wuchs, diese sind jedoch kurzlebiger!) in Frage.

Sorten und Auslesen: Von der Vogelbeere gibt es mehrere Zierformen (z.B. Säulen- und Hängeform, gelbe Fruchtsorten), die für die Fruchtgewinnung aber nicht geeignet sind. Besonders interessant – auch in wirtschaftlicher Hinsicht – sind die sogenannten Edel-Ebereschen.

Essbare oder Mährische Eberesche, Edel-Eberesche

(*Sorbus aucuparia var. edulis*, Syn.: *S. aucuparia var. moravica*, oft auch als *S. aucuparia Edulis* im Handel)

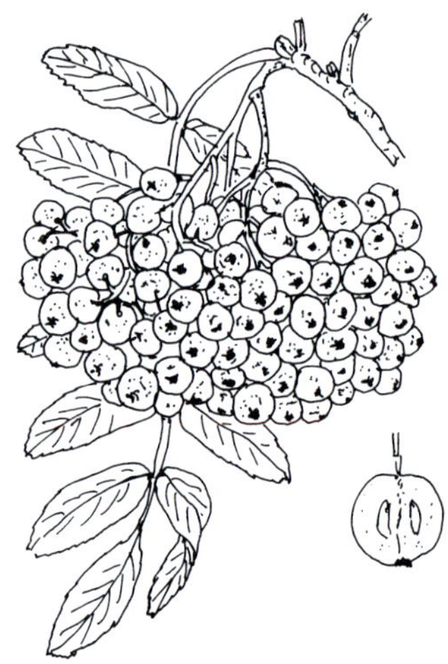

Hierbei handelt es sich um Pflanzen mit (fast) bitterstofffreien Früchten, die um 1810 von Hirtenjungen in Nordböhmen als Mutante in einem Bestand von *Sorbus aucuparia* gefunden wurden. Sie unterscheidet sich von der Gemeinen Eberesche durch die Blätter (größer, Basis spitz, Blättchen sind im unteren Drittel ganzrandig, Blattspindel rötlich), Blüte (Blütenstand ist größer, flach ausgebreitet, Einzelblüten etwa 1 cm breit) und Frucht (nicht bitter, sondern süß-sauer, etwa 1 cm groß, unreif orangefarben, vollreif glänzend scharlachrot, hellgelb punktiert). Edel-Ebereschen bevorzugen Standorte mit Niederschlagsmengen von 800–900 mm / Jahr, der pH-Wert des Bodens sollte zwischen 5 und 6 liegen. Erträge zwischen 20 und 40 kg pro Pflanze sind möglich. Edel-Ebereschen werden in Bulgarien, Polen und Rußland in Plantagen angebaut.

Fruchtstand der Eßbaren oder Mährischen Eberesche (Sorbus aucuparia var. moravica)

Mit zunehmender Fruchtreife nimmt der Säure- und Vitamin C-Gehalt ab (etwa 20–30 %), der Zucker- und Sorbitgehalt dagegen zu. Der Vitamin C-Gehalt der Früchte bei einzelnen Edel-Ebereschensorten beträgt 80–100 (– 220) mg/100 g Frischgewicht bzw. bis 250 mg / 100 g im Saftkonzentrat. Der Gehalt an Apfelsäure beträgt 2–3 g / 100 g, Karotin ist in Mengen von 10–15 g / 100 g enthalten, daneben ist noch ein beachtlicher

Zuckergehalt von 5–10 % anzuführen. Die Verwertung erfolgt wie bei der Gemeinen Eberesche, allerdings mit dem Unterschied, daß bei der Edel-Eberesche der herb adstringierende Geschmack fehlt und die Produkte durch den höheren Zuckergehalt qualitativ besser werden. Vor allem Süßmost, Sirup und Saftkonzentrat können daraus gewonnen werden, aber auch ein besonders feiner Schnaps (Ausbeute ca. 4,5 Liter reiner Alkohol pro 100 Liter Maische) läßt sich daraus bereiten. Wegen des herb-sauren Geschmacks der Ebereschenfrüchte ist bei deren Verarbeitung zu Marmelade eine Mischung mit süßen Früchten wie Brombeeren, Quitte und Apfel zu empfehlen.

Sorten und Auslesen: Bereits um 1900 wurden durch die Baumschule Späth in Berlin die bitterstoffarmen Sorten ***Rossica*** und ***Rossica Major*** (mit 1,5 cm großen Früchten) in den Handel gebracht. Diese stammten ursprünglich aus Südrußland (Kiew) und waren dort unter dem Namen ***Neschinskaja*** verbreitet, sie wurden dort auch baumschulmäßig vermehrt, die Früchte werden roh gegessen und verarbeitet.

1946 wurden zwei weitere Sorten der Edel-Eberesche mit besonderen Eigenschaften vom Institut für Gartenbau in Dresden, Pillnitz, in den Handel gebracht:

Konzentra: Stammt aus Annaburg, ist starkwüchsig, Pflück- und Genußreife Mitte bis Ende September; kleine bis mittelgroße Dolden mit kleinen bis mittelgroßen Früchten sowie dicker, fester, rötlichoranger Fruchtschale und gelblichorangem Fruchtfleisch. Die Sortenbezeichnung Konzentra erfolgte aufgrund des hohen Vitamin C-Gehaltes von 220 mg / 100 g Frischsubstanz.

Rosina: Stammt aus Sebnitz / Sachsen, ist mittelstark wachsend, mit steil aufwärts gerichteten Ästen und breit-pyramidaler Krone; Pflück- und Genußreife tritt Mitte bis Ende September ein; die Früchte werden in großen Dolden gebildet, sind orangefarben bis rötlich, das Fruchtfleisch ist hellgelblichorange gefärbt; wegen des süß-säuerlichen, aromatischen Geschmackes und des hohen Vitamin C-Gehaltes (70–120 mg / 100 g Frischsubstanz) ist Rosina eine wertvolle Sorte mit vielen Verwendungsmöglichkeiten.

Klosterneuburger IV: Ist eine Selektion mit hohem Ertrag und besonders reich an Inhaltsstoffen, besonders an Vitamin C.

Weitere Arten

Hybrid-Ebereschen: Die seit 1905 von Mitschurin durchgeführten Gattungs- und Artkreuzungen von *Sorbus aucuparia* führten zur Entstehung völlig neuer Hybriden. Unter anderem wurde die Apfelbeere (*Aronia melanocarpa*), der Weißdorn (*Crataegus*) und die Mispel (*Mespilus germanica*) eingekreuzt. Die daraus entstandenen Sorten (x *Sorbaronia* sp.) könnten im weitesten Sinne ebenfalls zu den Edel-Ebereschen gerechnet werden:

Titan: (x *Sorbaronia* sp.), Wuchsform und Blätter stark an Eberesche erinnernd, Früchte sind dunkelrot, sehr ertragreich.

Burka und ***Likjornaja:*** (x *Sorbaronia fallax*), sind einander sehr ähnlich, Wuchs eher strauchartig, Blätter in Größe und Form an jene von *Aronia melanocarpa* erinnernd, jedoch teils bis zur Blattmitte gefiedert; Früchte schwarzrot, im vollreifen Zustand purpurschwarzrot, Geschmack etwas adstringierend bis süß.

Mitschurina Desertnaja: Mitschurins Dessert-Eberesche ist aus einer Kreuzung der Vogelbeere mit der Mispel hervorgegangen, sie ist schwachwüchsig, trägt mittelgroße, mispelähnliche, rotbraune Früchte, sie sind süß mit pikantem, leicht bitterem Geschmack.

Elsbeere

Sorbus torminalis (*Rosaceae*, Rosengewächse)
Weitere Namen: Elzebeere, Atlasbeere, Arschrösel, Eschrösel, Aresel, Adlasbeer, Wilder Sperberbaum

Pflanzenmerkmale und Verbreitung: Europa, Kleinasien, Transkaukasien und Nordafrika sind die Heimat der Elsbeere, diese wärmeliebende Gehölzart kommt in den Alpen bis in 900 m Seehöhe vor. Es ist ein mittelgroßer (bis 20 m, in Ausnahmefällen sogar bis 25 m hoher), sommergrüner Baum mit rundlich-eiförmiger Krone. Er ist mit 100 Jahren ausgewachsen, kann aber ein Alter von 200 bis 300 Jahren erreichen. Wächst oft auch nur strauchförmig, ist mehrtriebig und kann Dickichte bilden. Seine wechselständigen Blätter sind breit-eiförmig, im Umriß dreieckig bis oval, mit 3–4 dreieckigen Lappen, oberseits glänzend grün, derb-ledrig, prächtige gelborange bis rote Herbstfärbung. Die reinweißen Blüten sitzen in 7–12 cm breiten, filzig-behaarten Schirmrispen, sind selbstfruchtbar, unangenehm riechend, Blütezeit ist Mai / Juni.

Eignung: Obwohl dieser attraktive, etwas wärmebedürftige Baum mit seiner schönen Herbstfärbung interessant ist, kann er seiner Größe wegen nur für große Gärten, als Hausbaum in ländlichen Gebieten (z. B. bei Bauernhöfen) oder Parkanlagen empfohlen werden. Auch als Landschaftsgehölz ist der Elsbeerbaum in Verwendung.

Frucht: Die 1,2–1,8 cm großen ovalen, apfelartigen Scheinfrüchte sind erst olivgrün, später rötlichgelb mit hellen Punkten und zur Reife schließlich lederbraun mit großen Lentizellen. Sie reifen im Oktober / November, bleiben aber länger am Baum. Das Fruchtfleisch weist zahlreiche Steinzellen auf, in den Früchten sind bis 7 mm große Samen enthalten.

Elsbeerbaum in vollem Blütenschmuck (Sorbus torminalis)

Vitamin C, Gerbstoffe, Fruchtsäuren, Pektin und Flavonolglycoside sind als Inhaltsstoffe anzuführen.

Verwertung: Erst nach Frosteinwirkung werden die Früchte teigig und eßbar, sie schmecken dann säuerlich. Vorwiegend werden sie aber verarbeitet, es lassen sich daraus (in Mischung mit anderen säurearmen Früchten) Kompotte, Marmeladen, Gelees und Säfte bereiten. Elsbeermost (etwa 1 %) fördert als Zusatz zu Obstwein und Obstmost deren Klärung, Geschmack und Aussehen sowie die Haltbarkeit. In Frankreich stellt man aus den Früchten einen Branntwein mit der Bezeichnung „Eau d'Alizer" her. Auch bei uns wird ein Edelbrand aus Elsbeerfrüchten destilliert, er ist einer der kostbarsten Schnäpse, für den Preise von etwa 150 Euro pro Liter erzielt werden. In der Volksheilkunde wurden getrocknete, unreife Früchte gegen die Ruhr verwendet (Plinius).

Blätter und die typischen braunen, punktierten Früchte der Elsbeere (Sorbus torminalis)

Das Holz der Elsbeere ist weißgelb, dunkelt rötlich nach, ist sehr hart und zäh, es wird zur Herstellung von Flöten und Kleinmöbeln verwendet. Aber nicht nur bei Tischlern, sondern auch bei Drechslern und Bildhauern ist es sehr begehrt. Es wird als Furnier für wertvolle Innenausstattungen und im Möbelbau verwendet, für dieses wertvolle Holz werden in Fachkreisen Spitzenpreise bezahlt.

Standortansprüche und Pflege: Nährstoffreiche, kalkhältige Lehmböden, aber auch tiefgründige, durchlässige Gesteinsböden werden bevorzugt. Die Elsbeere ist ein Lichtgehölz, welches lichten Schatten noch duldet, sommerwarme bzw. wintermilde Klimalagen sind günstig.

Krankheiten und Schädlinge: Außer gelegentlichem Befall von Blattläusen sind keine speziellen Krankheiten und Schädlinge bekannt.

Vermehrung und Anzucht: Vermehrung ist durch Aussaat möglich (Samen stratifizieren), aber auch durch Veredlung, als Unterlagen dienen Weißdorn und Birnensämlinge.

Sorten und Auslesen: Keine bekannt bzw. werden in Baumschulen keine Sorten angeboten.

MEHLBEERE

Sorbus aria (*Rosaceae*, Rosengewächse)
Weitere Namen: Mehlbeerbaum, Weißbaum

Pflanzenmerkmale und Verbreitung: Die Mehlbeere ist von Mittel- bis Südeuropa sowie in England, Skandinavien und Nordafrika natürlich verbreitet und kommt vorwiegend von der Hügelstufe bis in Mittelgebirgslagen vor, in höheren Lagen (in den Alpen bis über 2.000 m) ist sie allerdings nur mehr strauchförmig anzutreffen. Sie wächst zu einem kleinen bis mittelgroßen Baum (6–15 m) mit breit kegeliger bis kugelförmiger Krone heran, entwickelt sich gelegentlich aber auch nur strauchförmig (Großstrauch), insbesondere im Unterwuchs von Laubmischwäldern. Der sommergrüne Baum kann bis 200 Jahre alt werden. Seine Blätter sind wechselständig, derb, oval-eiförmig, oberseits dunkelgrün glänzend und unterseits dicht weißfilzig. Die weißen Blüten entwickeln sich endständig in rispenartigen Trugdolden und blühen ab Mai bis Juni, sie sind selbstfruchtbar.

Eignung: Als Großstrauch kann die Mehlbeere für hohe Abpflanzungen und Sichtschutzhecken verwendet werden. Mit seinem Blatt-, Blüten- und Fruchtschmuck ist dieser Baum ein schöner, rundkroniger Solitär für den Vorgarten oder Garten. Er wächst vorzugsweise an sonnigen Standorten, gedeiht im Halbschatten aber ebenso gut und ist für die Verwendung auf stark kalkhältigen Böden und in höheren Lagen noch gut geeignet. Darüber hinaus läßt er sich für sonnige Böschungen und als Kübelpflanze sowie für das mobile Grün (Tröge) verwenden. Er findet sich auch als Straßenbaum.

Frucht: Die orangen bis roten, kugeligen, apfelförmigen Scheinfrüchte werden etwa 1–1,5 cm groß, sie reifen im Oktober. Sie enthalten keine Parasorbinsäure (die den bitteren Geschmack der Ebereschenfrüchte verursacht) und schmecken deshalb süßlich, können also roh gegessen werden. Neben Vitamin C, Provitamin A, Pektin und reichlich Zucker sind noch Sorbin-, Apfel- und Zitronensäure enthalten.

Verwertung: Nach Frosteinwirkung werden die mehlig-fade schmeckenden Früchte weich, süß und eßbar, sie können für Kompott verwendet werden. In Mischung mit anderen, eher sauren Früchten, wie Berberitzen, sauren Äpfeln, Kornelkirschen, Hagebutten und Roten Johannisbeeren, können sie zu Gelee, Konfitüre, Mus oder Saft verarbeitet werden. Sie lassen sich auch trocknen, ebenso läßt sich daraus Essig und Wein herstellen. In Notzeiten wurden die Früchte auch zu Mehl verarbeitet und das „Hutzelbrot“ daraus gebacken.

Das Holz des Mehlbeerbaumes wird für Tischler- und Drechslerarbeiten verwendet, es zeichnet sich durch schöne Maserung, gelblichweißen Splint und rotbraunen Kern aus.

Standortansprüche und Pflege: Die frostharte, wärmeliebende und hitzeverträgliche Mehlbeere kommt mit den meisten Standorten gut zurecht, sie bevorzugt schwach saure bis stark kalkhältige Böden und ist trockenheitsresistent. Sie ist anpassungsfähig, wenngleich sie auf mäßig frischen, durchlässigen Böden am besten gedeiht. Die Mehlbeere weist ein hohes Ausschlagvermögen auf, dennoch sind Schnittmaßnahmen nicht nötig (außer, sie wird zu groß).

Krankheiten und Schädlinge: Treten kaum auf.

Vermehrung und Anzucht: Eine Vermehrung durch Samen ist möglich (Aussaat im Herbst oder Stratifizieren), man kann die Mehlbeere auch auf Sämlinge der Art, auf die Schwedische Mehlbeere, den Weißdorn oder die Vogelbeere veredeln (durch Kopulation im Winter / Frühjahr oder Okulation im Sommer).

Sorten und Auslesen: Es gibt einige Zierformen, die aber zwecks Fruchtgewinnung nicht interessant sind. Daneben gibt es noch zahlreiche Hybriden, die eigens behandelt werden.

Die Sorte ***Majestica*** (= ***Dcaisneana***) hat größere, ovale, blutrote Früchte, die Blattunterseiten dieser Sorte sind leuchtend silberweiß. Eine weitere Varietät, *Sorbus aria f. longifolia*, hat ebenfalls größere, orangefarbene, wohlschmeckende Früchte.

Weitere Arten

Zwerg-Mehlbeere (*Sorbus chamaemespilus*)
Ist eine strauchförmig wachsende Verwandte der Mehlbeere, die in höheren Lagen vorkommt; ihre braunroten, kugeligen bis eiförmigen Früchte weisen einen herben Geschmack auf.

Hybriden zwischen der Eberesche (*Sorbus aucuparia*) und der **Mehlbeeere** (*Sorbus aria*): Zwischen den beiden *Sorbus*-Arten gibt es mehrere natürlich auftretende Hybriden, die bekannteren bzw. häufiger verwendeten sollen hier angeführt werden. Sie sind durchwegs selbstfruchtbar, die Früchte werden apomiktisch gebildet. Sie lassen sich, obwohl es sich hierbei um Hybriden handelt, durch Samen vermehren!

Mehlbeerbaum mit Früchten am Naturstandort (Sorbus aria)

Schwedische Mehlbeere oder **Oxelbeere** (*Sorbus intermedia*, Syn.: *S. suecica*)
Kommt in Nordeuropa (Skandinavien, Baltikum) natürlich vor. Die Schwedische Mehlbeere wächst zu einem mittelgroßen Baum (10–12 m) heran, ist dabei der Mehlbeere sehr ähnlich, unterscheidet sich von dieser aber durch ihre eiförmigen, unterseits weißgraufilzigen, fiederartig gelappten Blätter deutlich. Die endständigen, rispenartigen Blüten erscheinen im Mai (bis Juni), sie sind selbstfruchtbar. Die apfelartigen, bis 1,5 cm großen, orange- bis ziegelroten Scheinfrüchte mit dem gelblichen Fruchtfleisch reifen im September / Oktober. Nach den ersten Frösten schmecken die Früchte süß-säuerlich. Inhaltsstoffe ähnlich der Mehlbeere, Fruchtverwertung ebenso. Die Schwedische Mehlbeere wird vorwiegend als Zier- und Straßenbaum verwendet.

Blätter und Früchte der Mehlbeere (Sorbus aria)

Thüringische Eberesche (*Sorbus x thuringiaca*) siehe Bild Seite 13.
Entstand ebenfalls aus einer Kreuzung der Eberesche mit einer Form der Mehlbeere. Der kleine bis mittelgroße Baum weist einen lockeren Kronenaufbau auf, seine Blätter besitzen an der Basis 1–4 freie

einzelne Blättchen oder Fiederpaare, zur Mitte hin sind sie wie bei der Schwedischen Mehlbeere fiederförmig gelappt. Die Früchte dieser Art sind größer (bis 1,5 cm) als bei voriger, schmecken angenehm süß bis süß-säuerlich und werden zur Reifezeit besonders gerne von Vögeln verzehrt. Sie sind gut verwertbar.

Finnland-Mehlbeere (*Sorbus hybrida*, Syn.: *S. fennica*)
Ist eine weitere Hybride aus dieser Gruppe. Der kleine Baum hat relativ derb-ledrige, etwa 10 cm große Blätter, die unterseits graufilzig sind. Auch hier sind die ersten 1–2 Paar Fiederblätter freistehend, der Rest der Blattspreite ist fiederblättrig gelappt. Die kugeligen Früchte sind rot, 0,8–1,2 cm dick, schmecken süß-säuerlich und erinnern damit ein wenig an jene der Eßbaren Eberesche.

SPEIERLING

Sorbus domestica (*Rosaceae*, Rosengewächse)
Weitere Namen: Spierling, Schweizer Birnbaum, Sperbel, Sperwe, Sperberbaum, Spierapfel, Butzelbeer, Ledersäck, Mauchbeer, Schneebirne, Aeschrösle, Aeschgriesle

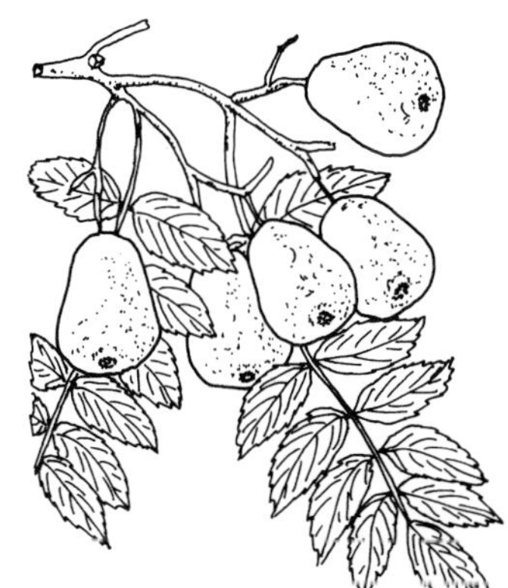

Diese beinahe vergessene alte Obstart war bereits den Griechen (Theophrast, 4. Jh. v. Chr.) bekannt und wurde im Mittelalter besonders von Mönchen häufig in Klostergärten angepflanzt. Allerdings scheint man den Speierling in jener Zeit wegen seines adstringierenden Geschmackes eher als Arznei, denn als Nahrungsmittel verwendet zu haben. Heute scheint die Art gesichert, denn in den letzten 10 Jahren wurden etwa 100.000 Exemplare in Deutschland in Wäldern, auf Streuobstwiesen und in Hausgärten ausgepflanzt.

Pflanzenmerkmale und Verbreitung: Der Speierling ist in Südwest- und Südosteuropa, Kleinasien bis Transkaukasien sowie in Nordostafrika beheimatet und wurde schon frühzeitig in Mitteleuropa eingebürgert. Er ist seit mehr als 1000 Jahren bevorzugt in Weinbaugebieten als Obstgehölz in Verwendung. Der sommergrüne Laubbaum steht der Eberesche im Aussehen sehr nahe. Er wächst zu einem etwa 15 m hohen Baum mit dickem Stamm und ovaler bis rundlicher Krone heran. Seine Borke ist schuppig – ähnlich der Birne. Die wechselständigen, unpaarig gefiederten Blätter werden bis 23 cm lang und sind leicht behaart. Die weißen, in filzigen Doldentrauben angeordneten Blüten (Einzelblüten bis 1,7 cm groß) erscheinen im Mai, sie sind selbstfruchtbar. Die Bäume brauchen allerdings 8–20 Jahre, bis sie das erste Mal blühen und fruchten, sie können ein Alter von etwa 150 Jahren erreichen.

Eignung: Der Speierling ist ein relativ großer, breitkroniger Baum und deshalb nur für wirklich große Gärten geeignet. Vielmehr ist er ein Solitär- und Gruppengehölz für die Kulturlandschaft bzw. in der Dorfgestaltung. Seine Verwendung beschränkt sich auf Gebiete mit Weinbauklima.

Frucht: Speierlingsfrüchte sind kugelig-apfelförmig oder birnenförmig, etwa 2–5 cm groß bei einem Gewicht von 10–20 (–40) g; diese Scheinfrüchte sind anfangs grün, sie können sonnseits gelb oder rötlich (rotbackig) gefärbt sein. Die Baumreife erfolgt im September / Oktober, bei Vollreife wird die Frucht bräunlich und teigig. Die Früchte sind aufgrund des herb-sauren Geschmackes roh nicht genießbar, was durch den hohen Phenolgehalt verursacht wird. Fruchterträge von 20 kg sind bei jüngeren Bäumen möglich, bei alten Bäumen können bis zu 100 kg Früchte pro Baum anfallen. Samenvermehrte Speierlinge brauchen etwa 12 Jahre, bis sie das erste Mal fruchten, bei veredelten Pflanzen setzt der Ertrag natürlich wesentlich früher ein. In den ersten Ertragsjahren kann man mit 2 bis 5 kg Früchten rechnen.

An Inhaltsstoffen sind Vitamin C (bis 40 mg / 100 g), Gerbstoffe (bis 2,5–9,7 %), Gesamtsäure (6,9 %), Zucker (12,3 %) und Pektin zu erwähnen.

Verwertung: Wenn die Früchte überreif sind, schmecken sie etwas herb-säuerlich-süß und können roh verzehrt werden. Vorwiegend werden sie jedoch verarbeitet: Marmelade in Mischung mit Äpfeln, Birnen oder Quitten ergibt eine Spezialität mit besonderer Geschmacksnote. Es wird daraus Apfelwein bereitet (Most, Cider), die Früchte werden säurearmem Apfel- und Birnenmost zugesetzt (etwa 1 %, dies dient der Klärung, Haltbarmachung und Geschmacksverbesserung und wird durch die Tannine verursacht). Für diesen Verwendungszweck müssen die Früchte im hartreifen Zustand geerntet werden. Man mengt beim Pressen entweder 2 bis 4 Hände voll Speierling auf etwa 100 kg Kernobst bei, oder man fügt nach getrenntem Pressen 4 bis 5 Liter Speierlingssaft zu 100 Liter säurearmem Obstpreßsaft hinzu. Dieses Mischungsverhältnis wird heute in der Maingegend angewandt, daraus entsteht der für die Gegend typische „Speierlingswein".

Reife Früchte werden eingemaischt, und daraus wird ein hervorragender, unverkennbarer Obstschnaps mit typischem Aroma gebrannt. In Frankreich werden die Früchte „Sorbolen" genannt, der daraus hergestellte Branntwein ist als „Sorbette" bekannt. Die Früchte können auch süß-sauer eingelegt werden.

Das Holz des Speierlings ist feinfasrig, hart, fest, aber elastisch, gleichzeitig das schwerste der europäischen Laubhölzer und hat auch heute noch einen sehr hohen

Marktwert. Man stellt daraus insbesondere Furniere her, das Holz wird aber auch von Drechslern, Bildhauern und Tischlern geschätzt. Auch heute noch scheinen die unreifen Früchte wegen ihres hohen Gerbstoffgehaltes in der Volksmedizin ein Rolle zu spielen.

Standortansprüche und Pflege: Der Speierling bevorzugt trockene bis mäßig frische, kalkhältige Lehmböden, er ist wärmeliebend und vorwiegend in Gebieten mit Weinbauklima anzutreffen, überdies ist er besonders lichtbedürftig. Nach Möglichkeit sollten mehrere Bäume in der Umgebung gepflanzt werden, weil dadurch der Fruchtansatz wesentlich erhöht wird. Schnittmaßnahmen sind nicht notwendig und beschränken sich eventuell auf ein vorsichtiges Auslichten.

Krankheiten und Schädlinge: Im Jugendstadium kann ein Schorfpilz (*Fusicladium orbiculatum*) auftreten, ein Befall von Blattläusen kann Blätter und Triebspitzen verunstalten, Wildverbiß kommt ebenfalls vor.

Vermehrung und Anzucht: Der Speierling kann durch Samen vermehrt werden, dazu müssen die Samen ausgewaschen, ab Dezember stratifiziert (in Sand eingebettet, ca. 3 Monate im Kühlraum) und im März bei +20 °C im Glashaus aufgestellt werden. Will man besonders wertvolle Auslesen vermehren, so kann dies durch Veredlung (Kopulation und Geißfuß im Frühjahr) auf Quitte, Weißdorn oder Vogelbeere und die eigene Art natürlich sowie durch Okulation auf Birnensämlinge erfolgen. Der Weißdorn als Unterlage bringt zwar früh einsetzenden Fruchtertrag, doch sind die Pflanzen kurzlebig und nicht standfest. Optimal ist die Kopulation im Frühjahr auf Sämlinge der eigenen Art. Für die Auspflanzung am endgültigen Standort sollten 2–3jährige Bäume verwendet werden, weil hier die besten Anwachsergebnisse festgestellt wurden.

Sorten und Auslesen: Es sind zwei Fruchtformen bekannt, *Sorbus domestica f. pomifera* mit apfelförmigen Früchten und *S. domestica f. pyriformis* mit birnenförmigen Früchten. Sorten sind zwar nicht bekannt, doch gibt es Auslesen mit recht unterschiedlichen Früchten hinsichtlich Aussehen, Fruchtgröße, -geschmack und -ertrag. W. Kausch-Blecken von Schmeling stellt in seinem Buch über den Speierling mehrere Auslesen vor, darunter ***Bovender Nordlicht*** und ***Sossenheimer Riesen*** (Veitshöchheim). Daneben gibt es noch Typen mit reingelber Färbung und geringem Phenolgehalt sowie Formen mit starker brauner Berostung (beide aus Ungarn).

Detail des Speierlings mit Blättern und Früchten (Sorbus domestica)

Prächtiger Speierlingbaum in der Kulturlandschaft (Sorbus domestica)

Detail des Speierlingbaumes mit Blättern und Blütenständen (Sorbus domestica)

Blätter und Früchte der Spätblühenden oder Amerikanischen Traubenkirsche (Prunus serotina), Text siehe Seite 28

TRAUBENKIRSCHE

Prunus padus (*Rosaceae*, Rosengewächse)
Weitere Namen: Elxn, Elsn, Elessn, Elchsen, Hexenbaum, Ölxn, Ölexn, Öjsn, Öxn

Pflanzenmerkmale und Verbreitung: Die Traubenkirsche ist eine eurasische Gehölzart, die von Westeuropa bis nach Korea und Japan sowie von Skandinavien bis Norditalien verbreitet ist und in den Alpen vom Tiefland bis in Höhenlagen von 1.800 m vorkommt. Vielfach ist die Traubenkirsche ein mehrstämmiger Großstrauch oder kleiner Baum bis 10 m, mitunter sogar bis 15 m Höhe. Seine Krone ist oval bis rundlich, die elliptisch-länglichen Blätter sind oberseits dunkel-, unterseits blaugrün und 6–10 cm lang. Die weißen, stark duftenden Blüten sind in hängenden Trauben mit je 10–20 Einzelblüten angeordnet und erscheinen meist in großer Fülle im April / Mai, sie sind selbstfruchtbar.

Eignung: Wird als Ziergehölz in großen Gärten und Parks angepflanzt, als starkwüchsiges Gehölz für hohe Abpflanzungen oder als Einzelbaum auch in halbschattiger Lage auf feuchten Standorten. Kann durch Wurzelausläufer im Garten lästig werden und ist deshalb vielfach als Landschaftsgehölz in Verwendung. Wichtiges Insekten- und Vogelnährgehölz, ökologisch sehr wertvoll.

Frucht: Die Früchte der Traubenkirsche sind rundliche, schwarze, glänzende Steinfrüchte von 6–8 mm Durchmesser, sie reifen je nach Standort von Juli bis August, sind eßbar (Liebhaber), das Fruchtfleisch ist allerdings bittersüß, der Steinkern (Same) ist jedoch giftig. An Inhaltsstoffen sind Vitamin C, Fruchtsäuren und Zucker sowie reichlich Mineralstoffe enthalten. Das giftige Blausäureglycosid „Amygdalin" befindet sich im Samen (auch anderer *Prunus*-Arten), der Rinde, den Blättern und den Blüten.

Zweige der Traubenkirsche mit Blättern und Blütenrispen (Prunus padus)

Die bittere, mandelartig riechende Rinde wurde früher als Abführmittel sowie gegen Rheuma und Gicht verwendet. Sie enthält ein weiteres Blausäureglycosid mit dem Namen „Prunasin", dieses wirkt hustenreizmindernd und kommt auch in der Homöopathie gegen Kopfschmerzen und Herzleiden zum Einsatz.

Auch das Holz läßt sich verwerten: Es ist zwar weich, aber dauerhaft und gut polierbar, deshalb wird es für Einlege- und Drechselarbeiten verwendet. Aus der Holzkohle erzeugte man Schießpulver.

Verwertung: Die Früchte eignen sich (vorausgesetzt man entfernt die Steinkerne!) für eine Verarbeitung zu Saft, Erfrischungsgetränken, Mischmarmeladen, Kompotten und Likör. Man weiß, daß Traubenkirschen bereits in der Stein- und der Bronzezeit verzehrt wurden.

Standortansprüche und Pflege: Traubenkirschen wachsen bevorzugt auf tiefgründigen, nährstoffreichen, lehmig bis sandig-steinigen Böden in voller Sonne bis lichtem Schatten. Sie sind sowohl sehr frosthart als auch wärmeverträglich und werden deswegen auch als Pioniergehölz an Bächen, Böschungen und im Dünenbereich verwendet. Schnittmaßnahmen sind nicht nötig, die Pflanzen regenerieren sich nach einem Rückschnitt jedoch sehr rasch.

Krankheiten und Schädlinge: Gelegentlich kann es zu einem Massenauftreten von Gespinstmotten kommen, deshalb wird empfohlen, Traubenkirschen nicht in der Nähe von Obstanlagen zu pflanzen.

Vermehrung und Anzucht: Läßt sich leicht aus Samen heranziehen, Sorten (nur als Ziergehölze bekannt) werden veredelt.

Sorten und Auslesen: Es gibt von der Traubenkirsche keine Auslesen bezüglich der Früchte, jedoch einige Zierformen (***Colorata*** rosablühend, ***Watereri*** starkwüchsig).

Weitere Arten

Spätblühende Traubenkirsche (*Prunus serotina*)

Stammt aus dem Osten Nordamerikas und wird dort als „black cherry" bezeichnet, sie ist in Europa teilweise eingebürgert. Ähnlich der Traubenkirsche, wird aber in ihrer Heimat bis 30 m, bei uns etwa 15 m hoch. Meidet stark kalkhältige Böden in Kombination mit Trockenheit. Unterscheidet sich von *Prunus padus* durch die oberseits stark glänzenden Blätter und die um etwa 14 Tage bis 3 Wochen spätere Blüte. Ihre Früchte sind ebenfalls glänzend, größer als bei der heimischen Traubenkirsche und können wie diese auch verwertet werden. In Nordamerika wird aus den Früchten Kirsch-Sirup, Gelee, Likör, Wein und Rum hergestellt.

WEISSE MAULBEERE

Morus alba (*Moraceae*, Maulbeergewächse)

Pflanzenmerkmale und Verbreitung: Der Weiße Maulbeerbaum ist in Ostasien (China bis Korea) beheimatet und dort vermutlich schon seit 4.500 Jahren in Kultur. Seit etwa 550 n. Chr. in Griechenland und etwa ab dem 12. Jahrhundert in Sizilien, ab etwa 1700 auch in Mitteleuropa (Seidenraupenzucht) angebaut. Es handelt sich hier um einen mittelgroßen Baum von 8–10 (–15) m Wuchshöhe und 4–6 m Kronendurchmesser, seine Krone ist rundlich und oft sparrig verzweigt. Oft wächst er auch mehrstämmig oder gar nur strauchförmig. Seine wechselständig angeordneten Blätter sind 8–20 cm lang, ungeteilt und / oder gelappt, die Blattränder sind gesägt oder gezähnt. Die ein- bis zweihäusige milchsaftführende Pflanze trägt im Mai unscheinbare Blüten in hängenden Kätzchen.

Eignung: Als Fruchtbaum für größere Gärten im Weinbauklima, aber auch als Straßenbaum und für höhere, freiwachsende Hecken. Bevorzugt warme, kalkhältige Böden in vollsonnigen Lagen.

Frucht: Maulbeerbäume sind im allgemeinen sehr fruchtbar, bei den Früchten handelt es sich um brombeerartige Scheinbeeren (Sammelnußfrucht), die einzelnen Früchte können auch samenlos sein. Sie werden bis 2,5 cm lang, sind gestielt und meist weiß bis schwach rötlich, die Fruchtfarbe kann aber auch dunkelrot oder schwarz sein. Sie schmecken süß, aber etwas fade, ohne besonderen Geschmack, reifen ab Ende Juni bis Juli und fallen dann in großen Mengen von den Bäumen; zum Einsammeln der Früchte kann man Netze oder feinmaschige Tücher unterlegen.

Die Maulbeerfrüchte enthalten neben Carotin auch Zucker (bis 7 %), Fruchtsäuren, Mineralstoffe, Pektin und Vitamin C, die Samen enthalten Öl und Eiweiß.

Verwertung: Die Früchte der Weißen Maulbeerbäume sind zwar in rohem Zustand genießbar, sie schmecken süß, aber fade. Durch Einkochen oder Trocknen lassen sie sich konservieren. Das Laub der Weißen Maulbeere wird für die Seidenraupenzucht verwendet.

Standortansprüche und Pflege: Die Weiße Maulbeere ist anpassungsfähig, bevorzugt werden aber vollsonnige Lagen in wärmeren Regionen und eher kalkhältige, nicht zu schwere Böden. Sie eignet sich auch als geschnittene Hecke recht gut.

Krankheiten und Schädlinge: Kaum bekannt.

Vermehrung und Anzucht: Vermehrung der Art durch Samen möglich, Sorten werden vegetativ durch Veredlung (Kopulation oder Geißfuß im Winter) vermehrt.

Sorten und Auslesen: Von der Weißen Maulbeere werden nur wenige Auslesen angeboten, allerdings haben diese bei uns wenig Bedeutung.

Constantinopolitana, (Türkische Weiße Maulbeere): Stark und gedrungen wachsende Sorte mit großen, eiförmigen Blättern, Früchte bis 5 cm lang, erst gelblich, bei Vollreife dunkel- bis schwarzrot.

Multicaulis, (Strauchartige Weiße Maulbeere): Eine alte chinesische Kultursorte, gelangte 1820 nach Europa. Starkwüchsiger, mehrstämmiger Strauch von 5–6 m Wuchshöhe. Große Blätter (8–25 cm), blasig, nicht glänzend, etwas rauh, Früchte bis 4 cm lang, zur Reifezeit von Weiß über Rot bis Schwarz übergehend.

Der Weiße Maulbeerbaum in der Kulturlandschaft, hier als Straßenbaum in Verwendung (Morus alba)

Daneben gibt es noch zahlreiche Zierformen wie ***Pendula, Laciniata, Macrophylla*** oder ***Nana***.

Blätter und weiße Früchte des Weißen Maulbeerbaumes (Morus alba)

Blätter und rote bis schwarze Früchte des Weißen Maulbeerbaumes (Morus alba)

Weitere Arten

Als weitere Art ist noch die **Schwarze Maulbeere** (*Morus nigra*) zu nennen. Sie stammt aus Westasien und ist in Kleinasien und Südeuropa sowie in Amerika eingebürgert. Sie benötigt wärmere Standorte als die Weiße Maulbeere, wächst etwa zu einem 10 m hohen Baum heran, hat behaarte Triebe und breit-eiförmige Blätter bis zu 20 cm Länge. Sie ist ausschließlich in begünstigten Lagen im Weinbauklima ausreichend frosthart. Die 1–3 cm langen Früchte von purpurner bis schwarzvioletter Farbe reifen folgernd von Mitte Juli bis Ende September. Im Gegensatz zur Weißen Maulbeere schmecken die Früchte der Schwarzen Maulbeere würzig süß-säuerlich. Sie werden roh oder getrocknet gegessen, aber auch zu Marmelade, Gelee oder Wein verarbeitet. Es gibt in Mittelasien regionale Auslesen mit Fruchtgrößen bis zu 6 cm Länge und 3 cm Breite (***Black Persian, Black Tabor, Wellington***). Auch am Institut für Obstzüchtung in Bojnice (Slowakische Republik) wurden einige *Morus nigra*-Sorten (***Bo 11*** und ***Bo 12***) ausgelesen.

WILDBIRNE

Pyrus pyraster (*Rosaceae*, Rosengewächse)
Weitere Namen: Holzbirne, Saubirne

Pflanzenmerkmale und Verbreitung: Die Wildbirne ist von Westeuropa bis zum Kaukasus beheimatet. Sie wächst oft nur strauchig, kann aber zu einem kleinen bis mittelgroßen Baum mit einer breit-pyramidalen Krone heranwachsen. Triebe teils mit verdornten Kurztrieben, Borke grau, kleinschuppig, Blätter rundlich bis eiförmig, glänzend, mit gelblicher bis orangeroter Herbstfärbung. Bereits im April, meist vor dem Laubaustrieb, erscheinen die weißen Blütentrauben (Doldentrauben), sie riechen etwas unangenehm (Trimethylamin).

Eignung: Nur für große, naturnahe Gärten als Fruchtgehölz interessant, da zwecks Fruchtgewinnung zahlreiche Birnensorten als Obstsorten im Handel sind. Für hohe Abpflanzungen, sonnige Böschungen, Angrenzungen zur freien Landschaft geeignet, anpassungsfähig; ökologisch wertvolles Gehölz, Bienenweide, Vogelschutzgehölz.

Frucht: Bis 3 cm groß, kugelig bis birnenförmig, meist graugrün bis bräunlich punktiert oder gefleckt, mit herbem, adstringierendem Geschmack und zahlreichen Steinzellennestern. Die Früchte enthalten Kohlenhydrate, Mineral- und Gerbstoffe, Pektin sowie geringe Konzentrationen an Fruchtsäure und Vitaminen, hoher Rohfasergehalt.

Verwertung: Die Früchte können zur Saft- und Marmeladeherstellung verwendet werden, aber auch zur Bereitung von Obst- und Branntwein. Darüber hinaus sind sie eher für medizinale bzw. therapeutische Zwecke (Diureticum) geeignet.

Standortansprüche und Pflege: Die Wildbirne ist anpassungsfähig, meidet eher nasse Standorte, ist hitzeverträglich und etwas spätfrostempfindlich.

Krankheiten und Schädlinge: Wie Obstsorten.

Vermehrung und Anzucht: Durch Aussaat, Saatgut stratifizieren.

Sorten und Auslesen: Keine bekannt.

Weitere Arten

Weidenblättrige Birne (*Pyrus salicifolia*)
Ist zumeist nur als Zierform (*P. salicifolia* **Pendula**) in Gärten und Parks anzutreffen. 2–3 m hoher und ebenso breitwachsender Strauch mit grausilbrigem, breitlanzettlichem Laub. Früchte 2–3 cm lang, grün, hart mit herbem Geschmack.

Die Wildbirne (Pyrus pyraster) in blühendem Zustand in der Kulturlandschaft

Detail der Wildbirne mit beblätterten Zweigen (Pyrus pyraster)

Blätter und Früchte der Hagebuttenbirne (x Sorbopyrus auricularis)

HAGEBUTTENBIRNE

x *Sorbopyrus auricularis* (*Rosaceae*, Rosengewächse)
Weitere Namen: Bollweilers Birnbaum, Hainbuttenbirne

Bei dieser Art handelt es sich um eine Hybride zwischen der Mehlbeere (*S. aria*) und der Birne (*Pyrus communis*), die erstmals im 16. Jahrhundert im Elsaß gefunden und von Baron Bollweiler beschrieben wurde. Von dort aus wurde diese Art dann als Obst- und Ziergehölz verbreitet. Heute ist sie nur mehr selten zu finden, auch diesbezügliche Literatur gibt es nur mehr in alten Werken.

Der Hagebuttenbirnbaum ist ein kleiner Baum von etwa 5–6 (–15) m Wuchshöhe, die Blätter sind langgestielt, ähnlich jenen der Mehlbeere, doch etwas schmäler, zugespitzt, etwa 7,5 cm lang und 3,5 cm breit. Im Austrieb sind sie beiderseits graufilzig, später bleiben nur die Unterseiten filzig behaart, oberseits werden sie glatt. Ihre Herbstfärbung ist bemerkenswert, sie leuchten in kräftigen gelb-orange-roten Farbtönen. Die Blüten sind relativ groß, weiß mit auffällig roten Staubblättern, Kelch und Blütenstiel sind filzig behaart. Die Früchte sind langgestielt, leicht birnenförmig, erst grünlich, dann goldgelb, sonnseits gerötet. Sie sind eßbar, der Geschmack erinnert ein wenig an überreife Mostbirnen.

Die Hagebuttenbirne ist heute sehr selten anzutreffen, gelegentlich wird sie als Parkbaum gepflanzt. Könnte als interessanter Hausbaum dienen, Fruchtfall ist jedoch zu beachten. Stellt keine besonderen Ansprüche an Boden und Klima. Vermehrung durch Veredlung auf *Sorbus*-Arten (gute Ergebnisse mit *S. intermedia* als Unterlage) oder auf Birnensämlinge.

GROSSE STRÄUCHER BIS KLEINE BÄUME

Vertreter dieser Gruppe bieten sich sowohl als Sträucher als auch kleinkronige Bäume besonders gut als Solitärgehölze und Blickfang in kleineren Vorgärten sowie für Terrassen an. Natürlich sollten Großsträucher auch in Sichtschutzpflanzungen, höheren freiwachsenden Hecken und als Strukturelemente im Garten nicht fehlen. Arten für sonnige und schattige, geschützte und exponierte Standorte finden sich in dieser Auswahl.

BÜFFELBEERE

Shepherdia argentea (*Elaeagnaceae*, Ölweidengewächse)
Weiterer Name: Amerikanischer Silberbaum

Pflanzenmerkmale und Verbreitung: Stammt aus Nordamerika und Kanada. Der dem Sanddorn etwas ähnliche Großstrauch kann bis zu 6 m hoch werden, besitzt ein sparriges Astwerk und hat silbrig glänzende, bis 5 cm lange und sehr schmale Blätter. Die relativ unscheinbaren Blüten erscheinen zeitig im Frühjahr vor dem Laubaustrieb, sind deshalb etwas spätfrostgefährdet.

Eignung: Die Büffelbeere kann bei geeigneten Bodenverhältnissen ähnlich wie der Sanddorn als Gruppenstrauch oder für gemischte Hecken verwendet werden.

Frucht: Kleine, etwa ribiselgroße runde Früchte, die sich einzeln oder gehäuft an seitlichen Kurztrieben entwickeln. Sie sind reich an Vitamin C (bis 225 mg / 100 g) und Pektin, enthalten auch geringe Mengen an Saponin.

Verwertung: Wegen des leicht säuerlichen Geschmackes in geringen Mengen als Naschfrucht verwertbar. Es lassen sich auch Marmeladen und Gelees daraus herstellen, weiters eignen sich die Früchte als Zusatz zu Fruchtsoßen und Müsli. Die Büffelbeere wurde bereits durch die Urbevölkerung genutzt, heute wird sie in den Präriestaaten in großem Umfang als Windschutzpflanzung zur Fruchtnutzung angepflanzt.

Standortansprüche und Pflege: Die Büffelbeere benötigt leichte, saure Bodenverhältnisse, sie toleriert sogar etwas salzhältige Standorte, verträgt Trockenheit und ist frosthart. Die Wurzeln leben in Symbiose mit stickstoffliefernden Strahlenpilzen (*Actinomyceten*).

Krankheiten und Schädlinge: Keine Angaben bekannt.

Vermehrung und Anzucht: Die Vermehrung kann durch Aussaat, Absenker oder Veredlung auf den nahe verwandten Sanddorn erfolgen, diese ist wegen der Neigung des Sanddorns zur Ausläuferbildung jedoch problematisch.

Sorten und Auslesen: Keine Angaben vorhanden.

Fruchtender Zweig der Büffelbeere (Shepherdia argentea)

DOLDIGE ÖLWEIDE

Elaeagnus umbellata (*Elaeagnaceae*, Rosengewächse)

Pflanzenmerkmale und Verbreitung: Die Doldige Ölweide stammt aus Japan, China und Korea, zahlreiche weitere Arten sind von Südeuropa über Asien und Nordamerika verbreitet. Der breit ausladende Strauch ist kaum bedornt, trägt elliptisch-längliche, sommergrüne Blätter, deren Rand gewellt ist, unterseits silbrig (Schilferschuppen) und mit braunen Punkten versehen. Die weißlich-gelblichen, intensiv duftenden Blüten erscheinen im Juni.

Eignung: Die Doldige Ölweide ist ein anspruchsloser Strauch für Abpflanzungen, Hecken, Böschungen in größeren Gärten oder auch für die Einzelstellung. Sonnige Standorte werden bevorzugt, auch lockere, sandige Böden sind geeignet. Wird teilweise auch als Straßenbegleitgrün verwendet. Die Früchte werden auch von Vögeln gerne verzehrt.

Frucht: Rundliche, etwa 5–7 mm große, dunkelrote, fleischige Steinfrucht, mit silbrigen Punkten beschülfert (das heißt mit „Sternhaaren" besetzt), Fruchtstiele bis zu 1 cm lang. Die Früchte reifen ab September und verbleiben bis November am Strauch. An Inhaltsstoffen sind etwa 20 mg / 100 g Vitamin C, bis 12 % Gesamtzucker und 1,5 % Fruchtsäure, daneben noch Eiweiß, Phosphor und Kalium sowie Öle enthalten.

Verwertung: Die bei uns noch wenig bekannte, etwas säuerlich schmeckende Frucht eignet sich für Mischfruchtmarmeladen und Liköre. Auch aus den Blüten lassen sich aromatische Liköre erzeugen.

Prächtiger Strauch der Schmalblättrigen Ölweide (Elaeagnus angustifolia)

Standortansprüche und Pflege: Stellt keine besonderen Bodenansprüche, auf lockerem, sandigem und mäßig feuchtem Boden entwickelt sie sich besonders gut. Ölweiden sind mit luftstickstoffbindenden Strahlenpilzen (als kleine braune knöllchenartige Gebilde an den Wurzeln sichtbar) vergesellschaftet. Ölweiden sind generell lichthungrige Gehölze. Schnittmaßnahmen sind nicht notwendig, eventuell Entfernen abgestorbener Äste.

Krankheiten und Schädlinge: Keine bekannt.

Detail der Schmalblättrigen Ölweide (Elaeagnus angustifolia) mit Blättern, Früchten und den typischen Sproßdornen

Vermehrung und Anzucht: Ölweiden lassen sich durch Samen vermehren, besonders reichfruchtende Auslesen kann man durch Grünstecklinge oder Steckholz vermehren.

Sorten und Auslesen

Serinus (Auslese der Baumschule Berlin-Baumschulenweg, 1992 in den Handel gebracht): Etwa 3 m hoher, sparrig ausladender Strauch mit reichem Fruchtbehang, dichtfruchtend, Einzelfrucht 5–7 mm, dunkelrot, Reife Mitte August bis Anfang September.

Turdus (Auslese der Baumschule Berlin-Baumschulenweg, 1992 in den Handel gebracht): 3–4 m hoch, Früchte etwas kleiner als bei Serinus; Reife spät, Ende September bis Oktober.

Weitere Arten

Schmalblättrige Ölweide (*Elaeagnus angustifolia*)
Stammt aus West- bis Ostasien, ist in Mitteleuropa eingebürgert und stellenweise verwildert. Die Schmalblättrige Ölweide wächst zu einem 5–8 m hohen Strauch oder kleinen Baum heran, ist durch große Sproßdornen und schmale, unterseits silbrigschuppige Blätter leicht zu erkennen. Die stark nach Honig duftenden gelblichen Blüten erscheinen im Mai / Juni. Früchte etwa 1 cm lang, eiförmig, gelbbraun und silbrig (beschülfert), Fruchtfleisch mehlig und süß, die Früchte reifen im September / Oktober. Frischverzehr nur bedingt, Verarbeitungsprodukte. Wird wegen seiner Robustheit (verträgt trockene, heiße Standorte, Salz- und Luftbelastung) als Straßen- und Autobahnbegleitgrün verwendet. Die Sorte ***Red King*** bildet bis zu 2,5 cm lange Früchte.

Vielblütige Ölweide, Eßbare Ölweide (*Elaeagnus multiflora*)
Stammt aus Japan und China, wächst zu einem 1–3 (–5) m hohen sommergrünen, dornenlosen Strauch heran. Die breit-elliptischen Blätter sind an der Oberseite dunkelgrün, auf der Unterseite silbrig mit zahlreichen glänzenden braunen Schuppen. Weißlichgelbe, duftende Blüten zu 1–2 entwickeln sich in zahlreichen Büscheln im Mai. Die etwa 1,5 cm großen, länglichen, dunkelrotbraunen Früchte sitzen an fadenförmigen, 2–3 cm langen Stielen. Sie sind saftig, schmecken angenehm herb-sauer bis süß und sind eßbar. Sie werden für die Gewinnung von alkoholischen Getränken und als Konservenfrüchte verarbeitet. Verwendung als Frucht- und Ziergehölz (Fruchtschmuck). Der Strauch selbst ist anspruchslos, bevorzugt schwach saure bis leicht alkalische Böden. Die ursprünglich aus der Ukraine stammende großfrüchtige Sorte ***Sweet Scarlet*** wurde in Kew Gardens, London, selektiert und ist in den USA im Handel. Benötigt vollsonnigen Standort.

FELSENBIRNE, KORINTHENSTRAUCH

Amelanchier-Arten (*Rosaceae*, Rosengewächse)

Pflanzenmerkmale und Verbreitung: Die meisten der etwa 25 Arten sind in Nordamerika beheimatet, zwei Arten in Europa bis Kleinasien und eine Art in Asien. Felsenbirnen sind sommergrüne Sträucher bis kleine, mehrstämmige Bäume mit bis zu 10 m Wuchshöhe. Die ovalen Blätter, sie werden je nach Art (3–) 5 bis 8 (–10) cm lang, sind im Austrieb bronzefarben oder weißfilzig, prächtig gelb / orange bis rot ist deren Herbstfärbung. Auffallende Blüten in weißen Blütentrauben im April / Mai, durch Insekten bestäubt.

Eignung: Felsenbirnen eignen sich wegen der Zierwirkung durch alle Jahreszeiten hindurch recht gut als Solitärgehölze für den Hausgarten, aber auch für Gruppen, Hecken und sogar als „Kübelpflanzen" (Gemeine Felsenbirne) kann man sie verwenden. Sie bevorzugen sonnige Standorte, gedeihen aber ebenfalls im Halbschatten, blühen und fruchten dann jedoch entsprechend weniger. Man kann sie in allen Klimalagen, also auch in kälteren Regionen, noch gut verwenden.

Frucht: Die Früchte sind etwa erbsengroße, anfangs rote, im reifen Zustand blauschwarze bis dunkelpurpurne Sammelscheinfrüchte (beerenartige Kernäpfel) mit bläulichem Wachsbelag. Reifezeit im Juli / August. Sie schmecken süß und sind saftig. Sie enthalten Zucker, Gerbstoffe und Leucoanthocyane. Da die Früchte sehr gerne auch von Vögeln verzehrt werden, sollte man sie rechtzeitig ernten.

Verwertung: Felsenbirnen sind – direkt vom Strauch gepflückt – gute „Naschfrüchte" für den Rohgenuß. Es läßt sich aber auch Saft, Mus, Wein oder Marmelade (besonders für Mischfruchtmarmelade zur Verbesserung der Farbintensität, Eigengeschmack der Felsenbirnen nicht sehr intensiv) daraus bereiten, getrocknet werden sie als „Korinthen" verwendet (Korinthenstrauch), man kann sie auch tieffrieren.

Standortansprüche und Pflege: Felsenbirnen gedeihen auf normalen, leicht sauren bis leicht kalkhältigen Gartenböden mit mäßiger Bodenfeuchte, auch trockene Böden werden toleriert. Der Standort sollte, will man guten Fruchtertrag erzielen, eher vollsonnig sein. Die anspruchslosen Sträucher sind durchwegs sehr frosthart, also auch in kälteren Regionen zu empfehlen. Schnittmaßnahmen erübrigen sich, da die Sträucher sehr locker und malerisch wachsen.

Krankheiten und Schädlinge: Im großen und ganzen werden Felsenbirnen kaum von Krankheiten und Schädlingen befallen.

Vermehrung und Anzucht: Felsenbirnen lassen sich leicht durch Samen vermehren, dazu sind die Früchte vor der Vollreife zu sammeln, danach kurz anrotten lassen und auswaschen, stratifizieren und ab Februar aussäen. Sie lassen sich auch leicht durch Grünstecklinge vermehren. Eine Teilung der Mutterpflanzen und Absenkervermehrung sind möglich. Sorten müssen vegetativ vermehrt werden, z.B. durch Grünstecklinge oder durch Veredlung. Augenveredlungen im Sommer (Okulation) auf Weißdorn, Eberesche und Mehlbeere sind möglich.

FELSENBIRNE, GEMEINE FELSENBIRNE

Amelanchier ovalis
Weitere Namen: Fluhbirne, Steinbirne, Herrgottsbirli, Klingelbeere, Gamsbeere, Edelweißstrauch

Heimat Europa bis Nordafrika und Kleinasien, sie wächst vom Flachland bis in 2.000 m Höhe in den Alpen. Die heimische Felsenbirne wächst oft auf trockenen, kalkhältigen Standorten, kommt also auch mit extremeren Standorten noch gut zurecht. Der locker breit-aufrechte Strauch wird etwa 2–3 m hoch und ebenso breit, zeichnet sich durch weißfilzigen Blattaustrieb aus und blüht meist später (Anfang Mai) als dessen amerikanische Verwandte. Auf kalkärmeren Böden ist die Ausfärbung orangerot, auf stark kalkhältigen dagegen leuchtend gelb. Wegen der geringen Wuchsgröße besonders für kleine Vorgärten interessant. Auch für Pflanzkübel geeignet.

Detail der Gemeinen Felsenbirne mit Blättern und Früchten (Amelanchier ovalis)

Blühender Strauch der Gemeinen Felsenbirne (Amelanchier ovalis) am Naturstandort

KUPFER-FELSENBIRNE

Amelanchier lamarckii
Weitere Namen: Kanadische Felsenbirne, Korinthenstrauch

Die Kupfer-Felsenbirne ist die bekannteste innerhalb der Felsenbirnen, ihre Heimat sind die Laubmischwälder Nordamerikas – sie wird dort als „juneberry" bezeichnet. Der etwa 5–6 m hohe, locker breit-aufrecht wachsende Strauch zeichnet sich durch seinen kupfrigroten Austrieb und seine überreiche Blütenfülle mit weißen, aufrechten bis nickenden Blütenrispen im April aus. Im Herbst sind die Sträucher gelbrot bis leuchtendrot verfärbt. Die violettroten bis dunkelpurpurnen, bereiften Früchte von etwa 10 mm Größe schmecken süß und saftig. Dieser robuste, gut winterharte Strauch ist nicht nur als Solitärgehölz im Garten, sondern auch als Gruppen- und Heckenstrauch interessant und wird sogar als Straßenbegleitgrün verwendet. Auch für Pflanzkübel geeignet. Bei stark kalkhältigen Böden in Kombination mit Trockenheit kann es zu Chlorose-Erscheinungen und Wachstumsdepressionen kommen.

Austrieb und Blüte der Kupfer-Felsenbirne (Amelanchier lamarckii)

Unreife rote Früchte der Kupfer-Felsenbirne (Amelanchier lamarckii), diese verfärben sich im reifen Zustand blauschwarz

KAHLE FELSENBIRNE

Amelanchier laevis

Stammt ebenfalls aus Nordamerika, bildet ähnlich wie *A. lamarckii* vielstämmige, lockere Großsträucher bis etwa 6–8 m Höhe. Im Gegensatz zu *A. lamarckii* verkahlen bei dieser Art im Sommer die Blätter, die vielblütigen Blütenrispen sind locker überhängend. Prächtige orange bis rote Herbstfärbung. Ansprüche wie *A. lamarckii*.

Sorten und Auslesen

Ballerina: Eine in Boskoop ausgelesene Sorte, deren Zugehörigkeit nicht eindeutig geklärt ist (möglicherweise eine Hybride). Reichfruchtende Sorte mit anfangs roten, später dunkelviolettblauen, besonders wohlschmeckenden Früchten; Fruchtreife Anfang Juli.

ÄHREN-FELSENBIRNE

Amelanchier spicata

Diese aus Nordamerika stammende Felsenbirne wird auch bei uns oft als *A. ovalis* angeboten. Sie wächst ebenfalls strauchförmig, unterscheidet sich aber durch den straff aufrechten Wuchs von 3–4 m Höhe, aufrecht stehende Blütentrauben und den etwas weniger weißfilzig behaarten Austrieb. Ihre Früchte sind ähnlich wie jene der heimischen Felsenbirne und ebenfalls gut verwertbar.

ERLENBLÄTTRIGE FELSENBIRNE

Amelanchier alnifolia

Ebenfalls aus Nordamerika stammend, wird dieser Strauch bis etwa 5 m hoch, schmückt sich mit weißen, aufrechten Blütentrauben im Mai und bringt blauschwarze Früchte bis 15 mm Durchmesser, die süß und saftig schmecken.

Sorten und Auslesen: Mehrere Auslesen in Kanada, bei uns werden gelegentlich die Sorten ***Smoky*** und ***Pembina*** genannt.

Insgesamt sind alle Felsenbirnen anspruchslose und anpassungsfähige sowie sehr attraktive Blütensträucher mit schöner Herbstfärbung und schmackhaften Früchten. Außerdem sind sie wertvolle Vogel- und Insektennährgehölze.

FEIGE

Ficus carica (*Moraceae*, Maulbeergewächse)

Pflanzenmerkmale und Verbreitung: Der Feigenbaum ist von Kleinasien bis Nordafrika heimisch und darüber hinaus seit mehreren Jahrtausenden im Mittelmeergebiet in Kultur. Schon zur Römerzeit waren in Italien etwa 30 Sorten bekannt. Später wurde die Feige auch nach Afrika und Amerika gebracht und wird dort heute noch kultiviert. Sie wurde auch nördlich der Alpen schon seit langem von Liebhabern – meist natürlich mit entsprechendem Winterschutz – kultiviert.

Feigenbäume entwickeln sich in ihrer Heimat strauch- oder baumförmig und können dabei bis 10 m hoch wachsen. Meist werden sie auch in ihrer Heimat wesentlich niedriger gehalten, bei uns bleiben sie in der Regel nur strauchförmig und erreichen Wuchshöhen von 2–4 m. Ihre sommergrünen Blätter sind gelappt (3–5–9lappig), dunkelgrün gefärbt, langgestielt und werden etwa 10–20 cm groß. Bis zu zweimal (in der Heimat bis dreimal) im Laufe eines Jahres entwickeln sich Blütenstände aus den Blattachseln. Die kleinen Blüten sitzen in einem urnenförmig gestalteten fleischigen Blütenstand, der am oberen Ende mit einer kleinen Öffnung versehen ist. Der Befruchtungsvorgang (Caprifikation – Symbiose zwischen Feige und Gallwespe) ist interessant und sehr kompliziert, hierbei müssen die Blüten durch die Feigengallwespe bestäubt werden. Es gibt innerhalb der Feigen allerdings unterschiedliche Gruppen, darunter auch solche, deren Sorten ihre Früchte ohne Befruchtung entwickeln (Jungfernfrüchtigkeit, Parthenocarpie). Zu letzteren zählen die Sorten aus der Gruppe der sogenannten „Adriatischen Feigen" (Gruppe der var. *domestica*). Alle Pflanzenteile enthalten einen dickflüssigen, ätzenden Milchsaft.

Eignung: Feigensträucher oder -bäume können in sehr geschützten Lagen im Weinbauklima im Freien verwendet werden. Es bieten sich zum Beispiel lichte warme Innenhöfe, geschützte sonnige Südmauern, Spaliere an Hauswänden etc. an, oder man pflanzt sie in große Tröge, die jedoch nicht im Freien überwintert werden dürfen.

Frucht: Die einzelne Feige ist eigentlich eine Ansammlung von zahlreichen kleinen Nüßchen, die im Inneren der fleischig gewordenen Blütenachse sitzen. Es handelt sich hierbei um Scheinfrüchte, wobei der eßbare Teil aus der fleischig gewordenen Blütenachse, die saftig und süß ist, besteht. Feigen sind je nach Sorte tropfen- oder birnenförmig, etwa 3–10 cm lang und 2,5–6,5 cm dick, die Fruchtfarbe kann von Grün, Gelblich über Purpurrot und Dunkelviolett bis fast Schwarz variieren. Ihr Fruchtfleisch ist weißlichrosa bis rötlich, weich, saftig, angenehm süß und aromatisch schmeckend. Sie sitzen einzeln oder paarweise in den Blattachseln am einjährigen oder zweijährigen Holz. Es gibt zwar zwei- und dreimaltragende Sorten, nördlich der Alpen reifen

Detail des Feigenbaumes mit Blatt und Früchten (Ficus carica)

jedoch nur Früchte der ersten Generation, die sich im Frühjahr aus den Blattachseln der einjährigen Triebe entwickeln.

An Inhaltsstoffen ist vor allem der hohe Gehalt an Kohlenhydraten (15,7 g / 100 g) erwähnenswert, aber auch Eiweiß (1,3 g / 100 g), Fett (0,5 g / 100 g), Mineralstoffe in Mengen von 0,7 g / 100 g – bezogen auf das Frischgewicht – sowie Vitamine sind enthalten. Reife Früchte enthalten keinen (ätzenden) Milchsaft! Unreife Feigen enthalten das Enzym Ficin sowie Lipasen und andere Stoffe, die bei manchen Menschen Allergien (Hautausschläge und Juckreiz) hervorrufen können.

Verwertung: Feigen sind für den Frischverzehr geeignet, sie sind vorzügliche Naschfrüchte, lassen sich jedoch nur für kurze Zeit lagern. Die Früchte weisen eine verdauungsfördernde Wirkung auf! Bei uns werden sie meist in getrocknetem Zustand angeboten. Zu diesem Zweck taucht man die Früchte kurzzeitig in 12 %iges, kochendes Salzwasser und läßt sie anschließend in der Sonne trocknen. Für die Verarbeitung läßt man die Früchte vollreif, zum Trocknen überreif werden. Sie lassen sich in vielfacher Weise (ähnlich wie Mandeln oder Nüsse) zu Gebäck oder Feigenbrot verarbeiten, auch Marmelade, Kompott, Konfekt, kandierte Früchte, Pasten, Sirup, Likör, Feigen- und Branntwein sowie Essig werden daraus bereitet. Aus getrockneten Feigen wurde früher (heute nur mehr selten erhältlich) ein Kaffeezusatz („Feigen-Kaffee") hergestellt.

Standortansprüche und Pflege: Der Feigenbaum findet im Mittelmeergebiet optimale Standortbedingungen vor. In unseren Breitengraden benötigt er sehr geschützte, sonnige und warme Standorte, wobei Wintertemperaturen von weniger als –15 °C das Holz zum Absterben bringen. Das bedeutet, seine Pflanzung beschränkt sich auf Gebiete mit Weinbauklima, sogar hier ist ein Winterschutz vorteilhaft. Wichtig ist eine

Bodenabdeckung (mit einer 10–15 cm dicken Schicht) mit Laub oder ähnlichem, man kann die stärkeren Äste zusammenbinden und eventuell mit durchlässigen Materialien (eventuell Jute etc., jedoch kein Plastik!) schützen. Was den Boden betrifft, ist die Feige nicht sehr wählerisch, er sollte tiefgründig und vor allem zur Zeit der Fruchtentwicklung einigermaßen feucht sein. Damit die Früchte ausreifen können, ist ein warmer und sonniger Herbst vonnöten.

Günstige Pflanzzeit für Feigen ist das Frühjahr, da Jungpflanzen besonders frostempfindlich sind, man sollte sie etwa 10 cm tiefer pflanzen. Man beläßt am besten einen kurzen Stamm und etwa 3–4 Triebe, die ihrerseits wiederum im Frühjahr leicht eingekürzt werden. Dadurch wird die Bildung von kurzen Seitentrieben und damit auch die Blütenbildung an diesen gefördert. Auch zu starkwüchsige, abgetragene oder kranke Zweige werden entfernt.

Krankheiten und Schädlinge: In unseren Breiten werden Feigen kaum von Krankheiten und Schädlingen befallen. Mäuse können im Wurzelbereich Schäden anrichten, Vögel die Früchte anpicken oder Wespen an den süßen Früchten naschen. Gelegentlich können Blattläuse, Milben (Rote Spinne) und Schildläuse auftreten. Nach starken Winterfrösten sterben zwar die Triebe teilweise ab, die Pflanzen regenerieren sich jedoch in der Regel aus den Knospen der unteren Pflanzenteile wieder recht gut.

Vermehrung und Anzucht: Da ausschließlich Sorten für die Fruchtgewinnung interessant sind, kommt eine Vermehrung durch Aussaat ohnehin nicht in Frage. Am einfachsten erfolgt die vegetative Vermehrung durch Steckhölzer. Dazu schneidet man gegen Ende des Winters gut ausgereifte, verholzte Triebe vom Vorjahr (es bewurzeln sich auch zwei- und dreijährige Triebe). Die Steckhölzer sollten etwa 25–30 cm lang und maximal 1,5 cm dick sein. Auch durch Ableger kann man einfach und schnell zu neuen Pflanzen kommen. Eine Veredlung ist zwar möglich, wird aber nur dort zur Anwendung gelangen, wo man Pflanzen zur Gewinnung besserer Sorten umveredeln möchte.

Sorten und Auslesen

Brown Turkey

Ist die bekannteste Sorte für den Hausgarten, sie ist groß, birnenförmig, die Fruchtfarbe ist purpurn, ihr Fruchtfleisch dunkel gefärbt.

Violetta

Bayernfeige, reichfrüchtig, dünnschalig, angenehmer Geschmack, ansprechende Ausfärbung (gelblichgrün bis rötlich), bis –20 °C winterhart (!), geschützte Sorte.

Contessina

Kräftiger Wuchs, hoher Ertrag, große, dunkelviolette Früchte mit süßem Aroma, Reifezeit August (und Anfang Oktober), bis –15 °C winterhart.

Nordland-Bergfeige
Kompakter Wuchs, rotviolette, süße Früchte, Reifezeit August (und Oktober), bis –15 °C winterhart.

Brunswick
Frucht länglich-pyramidal, Haut grünlich, im reifen Zustand purpurn, sehr großfrüchtig.

White Marseilles
Gelbgrüne Früchte und ebensolches Fruchtfleisch.

Bulbon
Früchte rot und länglich, rotes Fruchtfleisch.

Kennedy
Sehr große, gelbgrüne Früchte, früh reifend.

Osborn Prolific
Frucht braunrot, innen goldgelb.

Rouge de Bordeaux
Frucht rotviolett und rotfleischig.

HASELNUSS

Corylus avellana (*Betulaceae*, Birkengewächse)
Weitere Namen: Haselstrauch, Nußstrauch

Pflanzenmerkmale und Verbreitung: Die Hasel ist eine Gehölzart, welche von Europa bis Westasien verbreitet ist, sie kommt vom Tiefland bis in Höhenlagen von 1.400 m vor. Sie wächst in Laubmischwäldern im Unterwuchs, an Waldrändern sowie in Hecken und Böschungen. Die Hasel ist ein Großstrauch von 3–5 (–7) m Wuchshöhe und breit-aufrechter Wuchsform, sie kann sich im Alter breit ausladend entwickeln. Die Blüten sind getrenntgeschlechtlich einhäusig, das bedeutet, sowohl die männlichen, in auffälligen gelben Kätzchen angeordneten als auch die roten weiblichen, unscheinbar in Knospen verpackten Blüten befinden sich an ein und demselben Strauch, sie blühen im März / April und werden vom Wind bestäubt. Charakteristisch sind auch die wechselständig angeordneten, großen, rundlichen, weichhaarigen Blätter.

Eignung: Die Hasel ist ein wichtiges heimisches Gehölz für hohe Hecken, Abpflanzungen, Böschungen, als Unterpflanzung unter großen Bäumen, in Gruppen und als Einzelstrauch. Läßt sich auch gut „auf den Stock setzen“ bzw. gut mit Stauden unterpflanzen. Haselsträucher sind Vogelnist- und Nährgehölze. Die Früchte werden von vielen Vögeln und Kleinsäugern gefressen, die Blätter dienen als Futter für zahlreiche Insekten und Schmetterlinge, Bienen sammeln den Pollen.

Frucht: Die Nußfrüchte sitzen zu 1–4 in zerschlitzten Becherhüllen. Es sind etwa 1,5–2,5 cm große, kugelige bis länglich-ovale, braune, eßbare Nüsse mit einer harten Schale, sie reifen ab September. Der eßbare Kern (Kernanteil etwa 40 %) ist kugeligrund, von einer bräunlichen Haut umschlossen, hartfleischig und wohlschmeckend. Haselnüsse sind nahrhaft und kalorienreich, der Fettanteil liegt bei etwa 60 %, Eiweiß (ca. 14 %), aber auch wertvolle Mineralstoffe (Kalium, Calcium, Phosphor und Eisen) sowie Vitamine sind enthalten.

Verwertung: Haselnüsse finden vielseitig Verwendung: Man kann sie roh essen, geröstet zum Knabbern oder pastenförmig als Brotaufstrich. Natürlich werden Haselnüsse in der Schokoladeproduktion verwendet, weiters zum Backen, aber auch Speiseöl wird daraus gewonnen. In der Kosmetikherstellung werden sie wegen ihrer Eigenschaft, aromatische Essenzen zu binden und zu konservieren, verwendet. Haselnüsse wirken auch blutstillend, gefäßverengend und adstringierend. Das Holz der Haselnußsträucher wird in der Korbflechterei, Faßbinderei und zur Herstellung von Werkzeugstielen verwendet.

Standortansprüche und Pflege: Die Hasel ist ein sehr gut frosthartes Gehölz mit hohem Ausschlagvermögen. Der Standort kann mäßig trocken bis feucht und schwach sauer bis alkalisch sein. Es werden alle Bodenarten, außer nährstoffarme Sandböden, toleriert. Die Wurzeln sind salzempfindlich, auch empfindlich gegen Bodenverdichtung.

Krankheiten und Schädlinge: Der wichtigste Schädling ist sicherlich der Haselnußbohrer. Unter Umständen kann an jungen Früchten im Juni auch Grauschimmel auftreten. Abgesehen davon wird es im Hausgarten kaum zu nennenswerten Problemen kommen.

Vermehrung und Anzucht: Die einfachste Vermehrungsmethode erfolgt durch Aussaat. Dazu sollten die Früchte kurz vor der Vollreife geerntet und sofort ausgesät werden. Benötigt man nur wenige Pflanzen, so kann man diese durch das Abnehmen von Wurzelausläufern gewinnen, ebenso durch Absenken und Anhäufeln bzw. Abrisse. Letztgenannte Methoden dienen auch zur Vermehrung der Fruchtsorten und rotblättriger Formen von *C. avellana* und *C. maxima.* Eine Vermehrung durch Stecklinge sowie Steckholzvermehrung ist nur unter besonderen Bedingungen in Fachbetrieben möglich. Fruchtsorten können aber auch durch Veredlung (Kopulation und Geißfuß im Winter im Glashaus) auf *C. avellana* bzw. auf *C. colurna* (Baumhasel) ver-

Blatt und Früchte der Rotblättrigen Lambertsnuß (Corylus maxima, ***Purpurea****)*

mehrt werden. Bei der Veredlung auf Sämlinge der Baumhasel entfällt der lästige Durchtrieb der Unterlage. Haselnußsträucher wachsen in den ersten Jahren nur sehr langsam.

Sorten und Auslesen: Es gibt zahlreiche vegetativ vermehrte Fruchtsorten, die allerdings als Obstgehölze im engeren Sinne gehandelt werden. Um einen guten Fruchtertrag zu erzielen, sollten immer mehrere unterschiedliche Sorten gepflanzt werden. Unter anderem sind ***Bergers Zellernuß, Frühe Nottingham, Hallesche Riesennuß, Wunder aus Bollweiler, Webbs Preisnuß*** u.a.m. zu nennen, die sich vor allem durch Fruchtgröße (2–4 cm), Zeitpunkt der Fruchtreife und Ertrag unterscheiden.

Weitere Arten

Lambertsnuß (*Corylus maxima*)
Ist der östliche Vertreter der heimischen Haselnuß, unterscheidet sich vor allem hinsichtlich der Früchte: die 2–4 cm großen Nüsse werden von einer langen, röhrigen Fruchthülle umgeben und sind natürlich eßbar. Erwerbsmäßiger Anbau vor allem in der Türkei an der Schwarzmeerküste. Auch die Früchte der rotlaubigen Sorte ***Purpurea*** sind eßbar.

Baumhasel oder Türkische Hasel (*Corylus colurna*)
Ist von Südosteuropa über Kleinasien und den Kaukasus bis zum Himalaja verbreitet. Der sommergrüne, trockenheitsresistente, bis 20 m hohe Baum wird vorwiegend als Parkbaum, gelegentlich als Straßenbaum und als Unterlage für Fruchtsorten der Haselnuß verwendet. Die Nüsse der Baumhasel sind von einer tief zerschlitzten, drüsigen Hülle umgeben und ebenfalls eßbar.

KIRSCHPFLAUME

Prunus cerasifera (*Rosaceae*, Rosengewächse)
Weitere Namen: Türkische Pflaume, Myrobalane, Kriecheln, Kriecherl

Pflanzenmerkmale und Verbreitung: Die Heimat der Kirschpflaume reicht von Südwestsibirien über Zentralasien, den Kaukasus bis nach Kleinasien. Sie wurde vor mehr als 2000 Jahren bereits nach Griechenland und Italien eingeführt, seit dem 16. Jahrhundert ist sie auch in Mitteleuropa eingebürgert. Es sind sommergrüne, manchmal bedornte Großsträucher oder kleinere Bäume von bis zu 8 m Höhe. Die wechselständigen Blätter sind elliptisch bis eiförmig und werden 5–8 cm groß. Die 2–2,5 cm lang gestielten Blüten entstehen an den Kurztrieben vorjähriger Langtriebe sehr zeitig im Frühjahr vor oder – seltener – mit den ersten Blättern (Ende März bis April). Es sind kleine, weiße (oder rosa), meist einzeln stehende selbstunfruchtbare Blüten.

Eignung: Die Kirschpflaume ist ein reichblühender, starkwüchsiger Großstrauch für hohe Abpflanzungen oder Hecken beziehungsweise als schöner kleinkroniger Solitär-

Formenvielfalt der Früchte der Kirschpflaume (Prunus cerasifera)

Prächtiger, blühender Baum der Kirschpflaume (Prunus cerasifera)

baum für den Hausgarten interessant. Sie ist sehr anspruchslos und kommt mit allen Boden- und Klimabedingungen zurecht. Vogelschutz- und Windschutzgehölz.

Frucht: Die rundlichen Früchte können 2,5 cm, bei Selektionen auch 3–5 cm groß werden und sind gelb, mit Übergängen ins Braun- bis Dunkelviolette, manchmal sind sie auch rötlich gefärbt. Sie reifen im August / September, sind durchaus wohlschmeckend, saftig und zumeist süß, es gibt aber auch Typen mit weniger wohlschmeckenden Früchten. Die Pflanzen sind oft sehr reichfruchtend.

Über Inhaltsstoffe ist wenig bekannt, ein ausgewogenes Zucker-Säure-Verhältnis verleiht den Früchten eine angenehme Geschmacksnote.

Verwertung: Die Früchte können roh gegessen werden, zumeist werden sie jedoch verarbeitet: angenehm schmeckendes Kompott, Gelee, Saft, Marmelade und Branntwein können daraus bereitet werden. Im Kaukasus wird aus unreifen und reifen Früchten „Tkemali“ bereitet (dies ist eine Art Chutney), es wird zu verschiedenen Fleischspeisen serviert.

Standortansprüche und Pflege: Es werden kalkhältige, leichtere und trockenere Böden in spätfrostgeschützten Lagen bevorzugt, staunasse Böden sind ungünstig. Die sehr frühe Blüte ist frostgefährdet. Befruchtungspartner müssen aus der *Prunus cerasifera*-Gruppe stammen! Schnittmaßnahmen sind eventuell nur im Rahmen eines Aufbau- und Formierungsschnittes durchzuführen, nötigenfalls kann man zu dicht wachsende Kronen vorsichtig auslichten.

Krankheiten und Schädlinge: Ähnlich wie bei Pflaumen – Pflaumengespinstmotten und Sägewespen, deshalb nicht in der Nähe von Pflaumenanbaugebieten pflanzen! Bei feuchtwarmer Witterung kann es auch zu Botrytisfäule der Früchte kommen.

Vermehrung und Anzucht: Wildformen durch Samen, Auslesen und Sorten durch Veredlung auf Sämlinge der Art oder auf Unterlagen, die auch für Zwetschken verwendet werden. Vegetativ vermehrte Typen der Kirschpflaume werden auch als Unterlage für Pflaumen verwendet.

Sorten und Auslesen: Vor allem in der Park- und Landschaftsgestaltung werden Sämlinge der Kirschpflaume in größerer Anzahl verwendet. Darunter sind auch die rotlaubigen Sorten (*Prunus cerasifera* var. *atropurpurea*, *P. cerasifera* **Nigra**, etc.) zu nennen. Sie haben rosa Blüten und meist wenige, jedoch größere, dunkelrote Früchte (etwa um 1880 aus Persien eingeführt). Werden als große Ziersträucher oder Kleinbäume im Garten, Park- und Straßenbereich verwendet, Fruchtverwertung unbedeutend.

Trailblaizer (Synonym ***Hollywood***; Kreuzung zwischen *Prunus cerasifera Nigra* und einer Japanischen Pflaume): Bis 5 m hoher Strauch mit 4 cm großen, kirschroten Früchten, angenehm schmeckend.

Anatolia, Ceres und ***Fertilia*** sind reichtragende und geschmacklich wertvolle Sorten, es handelt sich dabei um Auslesen aus Wildformen aus der Türkei, die 1955 in Deutschland in den Handel gebracht wurden, werden heute nur vereinzelt angeboten.

Weitere Arten

Haferschlehe (*Prunus insititia, P. domestica* subsp. *insititia*)
Weitere Namen: Hafer-Pflaume oder Schlehen-Pflaume

Die Haferschlehe ist der vorhin genannten Kirschpflaume in Aussehen, Blüte und Frucht sehr ähnlich. Die Früchte sind kugelig, eiförmig oder länglich, dunkelblau bis schwarz und blau bereift, das Fruchtfleisch ist grünlich und von süßlichem Geschmack. Verwertungsmöglichkeiten wie bei der Kirschpflaume.

KORNELKIRSCHE, DIRNDL, DIRLITZE

Cornus mas (*Cornaceae*, Hartriegelgewächse)
Weitere Namen: Herlitze, Dirlitze, Krakebeere, Korlesbeere, Dürlitze, Welsche Kirsche, Beinholz, Gelber Hartriegel

Die Nutzung der Kornelkirsche läßt sich bis ins Altertum verfolgen. Schon die Griechen nutzten das zähe Holz zur Anfertigung von Lanzen und Wurfspießen, man entdeckte Kerne der Kornelkirschen in Tongefäßen aus der Hallstattzeit, im Mittelalter zählten sie bereits zu den Obstgehölzen, gerieten später jedoch wieder in Vergessenheit. Das Holz wird schon seit langem auch für Drechsel- und Einlegearbeiten verwendet.

Pflanzenmerkmale und Verbreitung: Die Heimat der Kornelkirsche erstreckt sich von Mittel- und Südeuropa über Klein- und Mittelasien, größere natürliche Vorkommen befinden sich im Kaukasusgebiet. Sie ist von der Ebene bis in das Hügelland verbreitet, wächst meist in lichten

Laubmischwäldern, an sommerwarmen Waldrändern sowie in Gebüschen, Hecken und an trockenen Hängen.

Die Kornelkirsche wächst zu einem baumartigen Strauch oder Kleinbaum von 6–8 m heran und kann dabei ein Alter von 100 Jahren und mehr erreichen. Ihre eiförmig bis elliptisch zugespitzten Blätter werden etwa 4–10 cm groß, sind gegenständig angeordnet, glänzend grün und beiderseits leicht behaart. An den Verzweigungen älterer Triebe, aber auch an einjährigen Trieben bilden sich bereits im Sommer die Blütenknospen für das folgende Jahr. Die Blüten selbst sind gelb gefärbt, in kleinen kugeligen Trugdolden angeordnet und öffnen sich bereits ab Anfang März. In manchen Jahren kann es wegen der frühen Blüte zu Problemen bei der Bestäubung der Blüten, insbesondere bei den großfrüchtigen Auslesen, kommen.

Eignung: Die Kornelkirsche ist ein Universalgehölz mit vielen guten Eigenschaften. Als Einzelstrauch, Baum, Gruppen- oder Heckengehölz ist dieser robuste, attraktive Vorfrühlingsblüher ebenso verwendbar wie als geschnittene Hecke oder als Formgehölz. Sogar in höheren Lagen wächst sie noch sehr gut, allerdings reifen hier die Früchte nicht mehr aus, Frostlagen sind in bezug auf die Fruchtentwicklung ebenfalls ungünstig. Die Früchte sind vielseitig verwendbar, Blüten werden gerne von Bienen, Wildbienen und Hummeln besucht, die Sträucher sind gute Vogelnähr- und Schutzgehölze. Die Früchte werden unter anderem auch gerne von Haselmaus, Siebenschläfer, Kernbeißer und Dompfaff gefressen.

Frucht: Die Früchte sind glänzend rote, etwa 2 cm lange, ovale, beerenartige, eßbare Steinfrüchte. Sie reifen folgernd, je nach Sorte ab etwa Mitte August bis Ende September. Das bedeutet, daß die Früchte nicht alle gleichzeitig, sondern über einen längeren Zeitraum hindurch sukzessive reifen. Im reifen Zustand sind die Früchte

Prächtig entwickelter Solitärstrauch der Kornelkirsche in Vollblüte (Cornus mas)

Früchte der Kornelkirsche (Cornus mas),
Schönbrunner Gourmet-Dirndl

dunkelrot, falls nötig, ist eine Nachreife von einigen Tagen möglich. Allerdings sind sie nicht lagerfähig. Pro Strauch können bis zu 20 kg (von alten Pflanzen noch wesentlich mehr) Früchte geerntet werden.

Kornelkirschen sind – außer im vollreifen Zustand – für den Rohgenuß nicht geeignet, da sie herb-säuerlich schmekken.

Sie enthalten jedoch wertvolle Inhaltsstoffe, unter anderem ist der Vitamin C-Gehalt mit 70–125 mg / 100 g sehr hoch, aber auch Zucker (7,5–10,4 g / 100 g), Fruchtsäuren (3,8–7,2 g / 100 g), Pektin sowie Duft- und Farbstoffe (Anthocyane) sind enthalten.

Verwertung: Die vollreifen Früchte schmecken süß und sind als Vitamin C-reiche Naschfrüchte interessant. Man kann sie bei Bedarf auch tieffrieren und erst im Winter verarbeiten. Vor allem lassen sich daraus sehr schmackhafte Marmeladen (entweder nur Kornelkirsche oder zusammen mit säurearmen Früchten wie Birne, Apfel, Holunder, Zwetschke, Melone und Kürbis), Gelees und Konfitüren bereiten. Sie eignen sich auch für Kompott, süß-sauer eingelegt, können sie wie Preiselbeeren zu Wildgerichten gereicht werden, halbreife Früchte, mit Gewürzen versetzt und in Weinessig eingelegt, dienen als schmackhafter Olivenersatz („Falsche Oliven"). Hervorragend und erfrischend schmecken Säfte, Sirup und Süßmost, auch Wein und Likör von ausgezeichnetem Geschmack sowie ein hochqualitativer Schnaps lassen sich daraus bereiten, weiters kann der Saft zu Spezialessig vergoren werden. Man kann die Früchte in Alkohol einlegen, trocknen oder kandieren.

Standortansprüche und Pflege: Kornelkirsch-Sträucher lieben sonnige bis halbschattige Standorte, der Boden sollte humos, kalkhältig und nicht zu trocken sein. Trockenheit wird zwar gut ertragen, legt man jedoch auf die Früchte großen Wert, so sollte der Boden – vor allem zur Zeit der Fruchtentwicklung im Sommer – einigermaßen feucht sein. Als Frühblüher sind dessen Blüten mitunter spätfrostgefährdet; längere Regenperioden oder Schneefall zur Blütezeit können eine Bestäubung verhindern (schlechter Fruchtansatz). Die Wildformen sind selbstfruchtbar, allerdings ist es empfehlenswert, bei den großfrüchtigen Sorten Befruchtungspartner mit auszupflanzen (eine Befruchterpflanze reicht für 7–8 Fruchtsträucher). Im Hausgarten hilft auch das Hineinhängen einzelner Zweige einer Wildform. Die Bestäubung bei großfrüchtigen Sorten wird durch das Aufwirbeln der Luft mittels eines Gebläses wesentlich verbessert. Schnittmaßnahmen sind nicht erforderlich, wenn genügend Platz vorhanden ist.

Allerdings vertragen sie einen Auslichtungsschnitt gut, sie regenerieren sich sogar, wenn man sie „auf den Stock setzt".

Krankheiten und Schädlinge: Sind bislang nicht aufgetreten, gelegentlich werden die Blätter miniert. Junge Pflanzen sind wildverbißgefährdet.

Vermehrung und Anzucht: Wildformen lassen sich einfach durch Samen vermehren, dazu muß man sie sofort nach der Ernte auswaschen und stratifizieren. Die Samen liegen 1–2 Jahre über, sie keimen meist erst im dritten Jahr! Erste Blüten kann man bei Sämlingspflanzen nach 6–8 Jahren erwarten. Sorten werden vegetativ vermehrt, in der Regel durch Augenveredlungen (Okulation) im Sommer. Diese Pflanzen blühen bereits im zweiten Jahr, ab dem vierten Jahr werden Früchte gebildet. Auch Absenker sind möglich, die Vermehrung durch Grünstecklinge ist sehr schwierig.

Sorten und Auslesen: Schon vor mehr als 100 Jahren wurden Typen mit abweichender Fruchtfarbe (weißlich, gelb, fast schwarz) ausgelesen, doch haben diese heute keine Bedeutung mehr. Auch Sorten mit weiß- und gelbgerandeten Blättern gibt es, für die Fruchtnutzung sind diese aber bedeutungslos. Vielmehr sind es die großfrüchtigen Sorten, von diesen sind mittlerweile einige im Handel. Vor allem an der HBLVA für Gartenbau in Wien, Schönbrunn, und am Institut für Obstzüchtung in Bojnice (Slowakei) wurden Selektionen durchgeführt.

Jolico (Züchtung HBLVA Schönbrunn): Großfrüchtige Sorte, Reifezeit zweite Septemberhälfte; Fruchtgröße 2,5–3 cm, Fruchtgewicht bis 6 g, der Fruchtertrag von 15jährigen Veredlungen lag bei ca.10 kg, wobei an einzelnen Sträuchern bis zu 27 kg Früchte geerntet wurden.

Schönbrunner Gourmet-Dirndl (Züchtung HBLVA Schönbrunn): Großfrüchtige Sorte mit birnenförmigen, bis 3 cm großen Früchten, Einzelfruchtgewicht bis 5 g; Reife ab Ende August, sehr süß, durchschnittlicher Fruchtertrag 15jähriger Pflanzen etwa 8 kg, maximaler Ertrag einzelner Sträucher bis 18 kg.

Hecoma (Züchtung HBLVA Schönbrunn): Kleinfrüchtige, aber extrem reichfruchtende Sorte mit regelmäßigem Fruchtertrag, wird als Befruchtungspartner für großfrüchtige Selektionen empfohlen.

Kasanlak: Großfrüchtige Sorte mit birnenförmigen Früchten (ähnlich dem Schönbrunner Gourmet-Dirndl) aus Bulgarien, Einzelfruchtgewicht bis 6 g, reichfruchtend, Reifezeit Mitte bis Ende August.

Schumener: Großfrüchtige Sorte ähnlich Jolico mit lang-ovalen Früchten, reichblühend.

Titus (Züchtung Bojnice): Starkwachsende Sorte mit kleinen Früchten (1,8–2,5 g), jedoch hohen und regelmäßigen Erträgen, Früchte folgernd ab Mitte August reifend (Wien). Bei Vollreife dunkelrot, Geschmack herb-säuerlich.

Devin (Züchtung Bojnice): Mittelstark wachsende Sorte mit mittelgroßen Früchten (1,9 g) und hohen, regelmäßigen Erträgen. Reife ab Ende August (Wien). Bei Vollreife dunkelrot, Geschmack herb-säuerlich.

Es gibt noch zahlreiche weitere Lokalsorten in Rußland, der Ukraine, im Kaukasusgebiet,in der Türkei sowie Slowakei, Ungarn und Österreich. Auch aus Dänemark (***Cormas*** und ***Macrocarpa***) sowie in den USA (***Helen, Pioneer*** und ***Red Star***) sind einige Sorten im Handel. In der ehemaligen UdSSR und im Kaukasus wurden verschiedene großfrüchtige Sorten der Kornelkirsche kultiviert, unter anderem großfrüchtige Typen von flaschenförmiger Gestalt sowie gelbfrüchtige Klone. Heute noch werden z. B. in Georgien in zeitlicher Abfolge kleinfrüchtige, großfrüchtige ovale sowie zuletzt großfrüchtige birnenförmige Sorten auf den Märkten angeboten.

MISPEL

Mespilus germanica (*Rosaceae*, Rosengewächse)
Weitere Namen: Echte Mispel, Deutsche Mispel, Gemeine Mispel, Mespele, Mespelen, Mispele, Nespel, Asperl, Espel, Hespel

Fossilfunde belegen, daß die Mispel im Kaukasus und im heutigen Georgien bereits im Tertiär vorkam. Seit 1000 v. Chr. ist sie um das Kaspische Meer in Kultur, in Babylonien und im alten Griechenland (um 650 v. Chr.) war sie ebenfalls bekannt. Sie wurde wahrscheinlich von den Römern nach Mitteleuropa gebracht. Karl der Große (ca. 800 n. Chr.) gab Anweisung, die Mispel in seinem Einzugsbereich zu pflanzen, im Mittelalter war sie in Mitteleuropa ein allgemein geschätztes Fruchtgehölz.

Pflanzenmerkmale und Verbreitung: Die ursprüngliche Heimat der Mispel reicht vom Kaukasus und Iran bis nach Kleinasien und Griechenland. Im Mittelalter in Europa weit verbreitete Obstart, in Mittel- und Westeuropa seit etwa 200 v. Chr. eingebürgert. Sie kommt hier an sonnigen Waldrändern, in Trockengebüschen oder an sonstigen wärmebegünstigten Standorten vor. Die Mispel ist ein sommergrüner, etwa 3–6 m hoher, breitwachsender Strauch oder kurzstämmiger Baum mit etwas sparrigem Wuchs. Seine breit-lanzettlichen, bis 12 cm langen Blätter sind unterseits auffällig graugrün und filzig behaart, bei den Pflanzen am natürlichen Standort enden die Kurztriebe in Sproßdornen (ähnlich wie beim Wildapfel). Die weißen Blüten stehen einzeln am Ende der Triebe und entfalten sich im Mai / Juni.

Eignung: Mispelbäume und -sträucher eignen sich als Einzelpflanzen, aber auch für Abpflanzungen und Hecken gemeinsam mit anderen wärmeliebenden Gehölzen im Garten und in Parks sowie in der Landschaft. Sie bevorzugen vollsonnige bis halbschattige, trockene Standorte in möglichst windgeschützten Lagen. Die Mispel ist etwas wärmebedürftig, gedeiht zwar noch in Höhenlagen bis 1.000 m (Kaukasus), in unseren Breiten ist sie jedoch nicht für kalte Gebiete geeignet. Gute Bienenweide!

Frucht: Die Früchte der Wildvorkommen sind kaum 2–3 cm groß (etwa so groß wie die Früchte der Kornelkische) und wiegen etwa 15–20 g. Allerdings gibt es zahlreiche Kulturformen, deren Fruchtgröße 3–7 cm erreichen kann. Die Frucht selbst ist eine rostrote bis rostbraune Sammelsteinfrucht von leicht birnen- (oder apfel-)förmiger Gestalt mit deutlich sichtbaren, bleibenden Kelchzipfeln. Bis zum Eintreten der ersten Fröste bleiben die Mispeln steinhart, erst danach nehmen sie eine schokoladebraune Färbung an, werden teigig weich und schmecken dann angenehm säuerlich und aromatisch. Man kann die Früchte auch schon vor dem Frost ernten, muß sie dann allerdings etwa

Etwa 30jähriger Mispelbaum im Fruchtschmuck (Mespilus germanica)

Mispelfrüchte verschiedener Sorten mit bis zu 6 cm Fruchtgröße (Mespilus germanica)

20 Tage lagern, damit sie weich und eßbar werden. Sie werden in Italien und in den letzten Jahren auch bei uns wieder häufiger auf den Märkten angeboten.

Die Früchte enthalten neben Zucker (bis 9 %, im Kaukasus bis 17 %), Stärke (3–4 %) und Apfelsäure auch Vitamin C (22–30 mg / 100 g), geringe Mengen an Eiweiß und Fett sowie Mineralstoffe, Ballaststoffe und etwas Pektin (0,8–1 %). Die Samen sind ölhältig (2,5–5 %).

Verwertung: Roh kann man die Früchte nach Frosteinwirkung oder nach längerer Lagerung essen. Besonders Gelee und Marmelade, aber auch Saft und Likör werden aus den Früchten hergestellt. Günstig sind Mischfruchtprodukte, vor allem mit anderen Wildobstarten. Man kann sie auch in Zucker, Wein und Butter dämpfen oder daraus Zucker-Essig-Früchte (eine Delikatesse) herstellen beziehungsweise zu Püree und Kompott verarbeiten. Früher hat man sie auch in Honig oder Birnendicksaft kandiert. Auch Obstwein werden Früchte beigemengt, dies verfeinert dessen Geschmack und erhöht die Haltbarkeit. Wegen der hohen Gerbstoffgehalte gelangt die Mispel auch in der Volksmedizin zum Einsatz.

Standortansprüche und Pflege: Vollsonnige bis halbschattige Lagen sowie warme Standorte und ebenso tiefgründige Böden mit hohem Kalkgehalt werden bevorzugt. Sonst keine speziellen Ansprüche, Schnittmaßnahmen sind auch bei dieser Gehölzart nicht notwendig. Eventuell Entfernen zu dicht stehender Äste.

Krankheiten und Schädlinge: Mispelbäume werden kaum von Krankheiten oder Schadinsekten befallen.

Vermehrung und Anzucht: Vermehrung durch Samen möglich, Sorten und Auslesen müssen vegetativ vermehrt werden. Zumeist erfolgt dies durch Veredlung auf Weißdorn, Quitte, Eberesche oder Birne.

Sorten und Auslesen: Es gibt zahlreiche, im Laufe der Jahrhunderte entstandene Auslesen mit unterschiedlichen Fruchtmerkmalen und -eigenschaften. Einige werden hier genannt. Ausgewachsene Mispelbäume können bis zu 60 kg Früchte tragen.

Apyrena: (identisch mit Kernlose): Samenlose Sorte mit kleinen, schmackhaften Früchten.

Holländische Großfrüchtige: Alte Sorte mit starkem Wuchs, großen Früchten von kreiselförmiger, flacher Gestalt, mit angenehmem Geschmack und reichem Ertrag, Reife Oktober.

Königliche: 1870 in England entstanden, mittelstark wachsend, Früchte mittelgroß, länglich-rund, angenehmer Geschmack, ertragreich, Reife Ende Oktober.

Mispel von Metz: Spätreifende Sorte mit bräunlichen Früchten.

Großfrüchtige von Nottingham: Starkwüchsige Sorte mit mittelgroßen, kugeligen Früchten.

Krim: Starkwüchsige Sorte mit sehr großen, runden bis kreiselförmigen Früchten, Geschmack süß-säuerlich, ertragreiche Sorte, Reife Ende September.

Ungarische (Balkan-)Mispel: Sehr alte und weit verbreitete Sorte, schwacher Wuchs, mittelgroße Früchte, guter Geschmack und ertragreich.

PAWPAW

Asimina triloba (*Annonaceae*, Sauersackgewächse)
Weitere Namen: Papau, Indianerbanane

Pflanzenmerkmale und Verbreitung: Der Pawpaw ist im südöstlichen Nordamerika beheimatet. Er wächst meist im Unterwuchs der Wälder entlang der Flüsse auf nährstoffreichen, feuchten, sauren bis neutralen Böden. Diese bei uns noch kaum bekannte Pflanze ist der einzige bei uns winterharte Vertreter einer subtropischen bis tropischen Gehölzgruppe, die insbesondere wegen ihrer eßbaren Früchte angebaut wird. Der Großstrauch wird etwa 3–5 m hoch, mitunter kann er auch zu einem kleineren

Baum bis 8 m Höhe heranwachen. Er entwickelt eine geschlossene, breit-rundliche bis ovale Krone, trägt wechselständige, dekorative, große Blätter (von 12–25 cm Länge). Diese verfärben sich im Herbst gelblich bis gelbbraun. Im Mai erscheinen, zumeist mit den Blättern, die etwa 3–4 cm großen, rotbraunen, glockigen Blüten.

Eignung: Als attraktives laubzierendes Solitärgehölz mit Fruchtnutzung für den Garten, läßt sich mit Stauden kombinieren, kann auch als Gruppengehölz Verwendung finden; wärmebedürftig.

Frucht: Die Früchte sind 5–8 (–13) cm große, ovale bis wurstförmige, grünliche, zur Reife gelbliche Beerenfrüchte. Sie enthalten große schwarze Samen, das Fruchtfleisch ist weich und zart, es erinnert ein wenig an das süßliche Fruchtfleisch reifer Bananen.

Verwertung: Sofern die Früchte bei uns ausreifen, sind sie für den Rohverzehr interessant, sie werden aber auch zu Marmelade verarbeitet. Außerdem enthalten sie einen krebshemmenden Stoff. Nicht alle Sämlingsnachkommenschaften besitzen wohlschmeckende Früchte, man sollte die mittlerweile erhältlichen Auslesen pflanzen.

Standortansprüche und Pflege: Der Pawpaw bevorzugt nährstoffreiche, leicht saure Böden in begünstigter Klimalage (Weinbauklima), da die Früchte nur unter diesen Umständen ausreifen.

Krankheiten und Schädlinge: Blüten werden gelegentlich von Rosenkäfern abgefressen.

Vermehrung und Anzucht: Lassen sich durch Samen vermehren, doch reifen diese bei uns nur selten aus. Aussaat im Frühjahr, nach einer Kaltstratifikation, oder Herbstaussaat in Kistchen, Kältebehandlung und Aufstellung im warmen Haus bei Bodenwärme. Es können (von geeigneten wurzelechten Fruchtauslesen interessant) auch Wurzelschnittlinge entnommen und diese ebenfalls im Warmhaus aufgestellt werden. Die im Handel angebotenen Sorten werden veredelt.

Sorten und Auslesen: Zur Zeit werden unter anderem folgende großfrüchtige Sorten angeboten: ***Davis***, ***Overleese*** und ***Sunflower***.

Blätter und Früchte des Papau (Asimina triloba)

Die Sanddornzweige sind dicht mit Früchten bedeckt, die Blätter sind schmallanzettlich (Hippophae rhamnoides)

GEWÖHNLICHER SANDDORN

Hippophae rhamnoides (*Elaeagnaceae*, Ölweidengewächse)
Weitere Namen: Sandbeere, Seedornbeere, Sprengbeere, Weidendornbeere, Fasanbeere

Pflanzenmerkmale und Verbreitung: Der Sanddorn hat ein sehr großes natürliches Verbreitungsgebiet, es reicht von Ostasien über Mittel- und Kleinasien bis nach Mitteleuropa. Bei uns wächst er auch im alpinen Bereich, im Altaigebirge und Tibet kommt er bis in Höhenlagen von 5.000 m vor. Daneben tritt er bevorzugt in Küstenregionen (Nord- und Ostseeraum) sowie entlang von Flußtälern auf. Er wächst strauchartig (1,5–4 m), kann sich aber auch baumförmig (bis 10 m) entwickeln, ist dicht verzweigt, seine Kurztriebe enden in Sproßdornen. Darüber

Fruchtender Strauch des Sanddorns, das Bild zeigt die Sorte ***Leikora*** *(Hippophae rhamnoides)*

hinaus bildet er massenhaft Ausläufer (bis 10 m weit von der Ausgangspflanze, sehr flach verlaufend), so daß sich aus einer einzigen Pflanze bald ein kleiner Bestand entwickeln kann. Seine Blätter sind schmal-lanzettlich, bis 7 cm lang und beiderseits silbriggrau gefärbt (beschülfert). Der Sanddorn ist zweihäusig, man muß also, wenn man auf einen guten Fruchtertrag Wert legt, auf jeden Fall für 1–10 weibliche zumindest eine männliche Pflanze setzen. Die Blüten selbst sind unscheinbar, sie erscheinen ab Ende März bis Mitte April und werden vom Wind bestäubt. Der Sanddorn zählt zu den ernährungsphysiologisch wertvollsten Wildobstarten.

Eignung: Im Hausgarten sollte man dem Sanddorn ausreichend Platz einräumen, denn man braucht zumindest eine männliche Pflanze zusätzlich zu den (weiblichen) Fruchtsorten, man muß auch die Wurzelausläufer berücksichtigen. In Hecken, Abpflanzungen oder auf sonnigen Böschungen bietet sich normalerweise ein geeigneter Standort an. Die Pflanzen sind lichthungrig, kommen aber mit sandigen bis schottrigen Böden auch in höheren Lagen noch gut zurecht. Wichtiges Vogelschutz- und -nährgehölz.

Frucht: Die Scheinsteinfrüchte sind kugelig, oval oder walzenförmig, haben ein Fruchtgewicht von 0,1–0,9 g und sind gelb, orange oder korallenrot gefärbt. Die Früchte reifen ab September / Oktober. An Inhaltsstoffen sind vor allem der hohe Vitamin C-Gehalt (150–400 mg / 100 g Frischgewicht) sowie viel Provitamin A (4–8 [bis 20] mg Carotin / 100 g) hervorzuheben, daneben enthalten die Früchte noch zahlreiche Mineralstoffe, 15 Spurenelemente (z.B. Eisen, Mangan, Bor und Silizium), Fruchtsäuren (3,4 %), ungesättigte Fettsäuren, Zucker und Öl (im Fruchtfleisch und im Samen) sowie zahlreiche weitere wertvolle Inhaltsstoffe. Die Ernte sollte sofort mit Beginn der Fruchtreife erfolgen, da der Säure- und Vitamin C-Gehalt mit zunehmender Reife stark abnimmt. Das Pflücken per Hand oder Abstreifen mit Brettchen ist etwas mühsam. Man kann fruchttragende Zweige auch abschneiden, tieffrieren („frosten“) und die Früchte anschließend einfach abklopfen. Der Fruchtertrag bei älteren Pflanzen wird etwa (sortenabhängig) 4–6 kg pro Strauch betragen.

Verwertung: In einigen Regionen Deutschlands wird Sanddorn auch plantagenmäßig angebaut und maschinell geerntet. Theoretisch können die sehr sauren Früchte bei Erreichen des optimalen Reifezeitpunktes auch roh verzehrt werden. Hauptsächlich werden Sanddornfrüchte jedoch einer Weiterverarbeitung zugeführt: Rohsaft kann zu Gelee, Konzentrat, Sirup, Süßmost (auch in Mischung) oder Milchmixgetränken sowie Diäterzeugnissen, Trockenfrüchten und Müsli-Zusätzen verarbeitet werden. Aus Einzelfrüchten gewinnt man Fruchtmark, Nektar, Marmelade, Kindernahrung (in Mischung), Likör, Füllmasse für Süßwaren. Öl (auch aus Preßrückständen) wird in der Medizin und in der Kosmetik verwendet. In Deutschland (Großraum Berlin) gibt es mehrere hundert Hektar Sanddorn-Plantagen.

Die Fruchtzweige dienen auch als Vasenschmuck und für Dekorationszwecke.

Standortansprüche und Pflege: Der Sanddorn bevorzugt durchlässige, lockere, tiefgründige und gut durchlüftete Böden, dabei ist es egal, ob es sich hierbei um Rohböden oder salzhältige Sanddünen handelt (wird in Nordeuropa auch zur Festigung von Sanddünen ausgepflanzt). Die Wurzeln des Sanddorns sind mit Strahlenpilzen (Actinomyceten) vergesellschaftet, dadurch wird ein Wachstum an diesen extremen Standorten erst ermöglicht. Bevorzugt werden neutrale bis schwach alkalische Böden, wichtig ist jedoch, daß der Standort vollsonnig ist, da die Pflanze sehr lichtbedürftig ist. Der Sanddorn ist hitzeverträglich, frosthart, windfest, verträgt auch Überschwemmungen und Einschüttungen, jedoch keine Bodenverdichtung oder schwere Lehmböden. Schnittmaßnahmen beschränken sich auf das Entfernen der Wurzelausläufer bzw. das Entfernen von Zweigen, wenn die Pflanzen zu groß werden. Werden zwecks Fruchternte zwei- und dreijährige Zweige abgeschnitten, dann erübrigt sich auch

Sanddornstrauch vor dem Schnitt

Sanddornstrauch nach dem Auslichtungsschnitt, zu dicht stehende Zweige wurden entfernt, zu hoch wachsende Äste eingekürzt

diese Maßnahme, jedoch fruchten die Pflanzen dann nur in zweijährigem Rhythmus. Durch diese Schnittmaßnahme wird das Höhenwachstum begrenzt und die Sträucher erneuern sich ständig von der Strauchbasis ausgehend.

Krankheiten und Schädlinge: Gelegentlich können Welkekrankheiten (*Verticillium albo-atratum*) auftreten.

Vermehrung und Anzucht: Sanddorn läßt sich durch Samen vermehren (dabei entstehen etwa 80 % weibliche und 20 % männliche Pflanzen). Sorten werden vegetativ über Abrisse, Grünstecklinge (im Juli / August in Torf-Sand-Gemisch gesteckt) oder Steckholz vermehrt.

Sorten und Auslesen: In Deutschland wurden speziell für den Fruchtanbau mehrere Sorten gezüchtet (Baumschule Berlin-Baumschulenweg), die mittlerweile auch in Baumschulen erhältlich sind.

Leikora: Seit 1993 im Handel, besonders für Hausgärten geeignet, starkwüchsig, mittelhoch, breit aufrecht, kompakt und regelmäßig verzweigt, regeneriert sich nach Rückschnitt gut. Die Früchte sind groß, walzenförmig, dunkelorange und farbstabil, sie sitzen dicht und fest am Fruchtholz; Reifezeit Anfang September bis Ende Oktober.

Frugana: Seit 1990 im Handel, Fruchtreife bereits Anfang bis Ende August, starkwüchsig, locker und gering verzweigt, bis 4 m hoch. Geringe Bedornung, Ertrag ab 3. Standjahr. Die Früchte sind oval, glänzend orangerot, schwach beschülfert, Langtriebe sind dicht mit Früchten besetzt; der Saft ist mild im Geschmack.

Askola: Mittelfrühe Sorte, Fruchtreife Ende August bis Mitte September; starkwüchsige Sorte bis 5 m Wuchshöhe, unregelmäßig verzweigt; Früchte oval, tieforange, stark beschülfert, sehr dichter Fruchtansatz, die Fruchtfarbe bleibt bis in den Winter hinein farbstabil.

Hergo: Seit 1986 in Kultur; mittelfrüh, Fruchtreife September; mittelstark wachsend bis 4 m, gut verzweigt, Fruchtholz dünn, jedoch dicht mit Beeren besetzt, Fruchtäste biegen sich bei hohem Behang stark über; hohe Erträge und sehr gutes Regenerationsvermögen, Früchte oval bis walzenförmig, hellorange.

Dorana: Seit 1990 in Kultur, mittelfrüh bis spät fruchtend, Fruchtreife Ende August bis Ende September; schwach aufrechter Wuchs, Seitenholz dünn, wenig Ausläufer, schlechte Regeneration nach Rückschnitt. Früchte oval bis birnenförmig, tieforange, mittelstark beschülfert, farbstabil, halten bis in den Winter am Strauch.

Es gibt noch zahlreiche weitere Auslesen der Baumschule Berlin-Baumschulenweg mit höheren Inhaltsstoffgehalten, die jedoch noch nicht im Handel erhältlich sind. Weiters wurden vom Institut für Gartenbauliche Pflanzenzüchtung, Balsgard, Schweden, 1997 die Sorten ***Julia*** und ***Romeo*** selektiert. Auch am Lehrstuhl für Obstbau der TU München, Weihenstephan, wird an Auslesen des Alpen-Sanddorns gearbeitet, die besonderes hohe Gehalte an Vitamin C (bis 1000 mg / 100 g) und Carotin aufweisen.

Pollmix 1 und ***Pollmix 2*** sind männliche Befruchtersorten, straff aufrecht bis breitbuschig wachsend, eher dicktriebig und schwach bedornt. Blüte früh (Pollmix 1) bzw. mittelfrüh bis spät (Pollmix 2).

SCHWARZER HOLUNDER

Sambucus nigra (*Caprifoliaceae*, Geißblattgewächse)

Pflanzenmerkmale und Verbreitung: Der Schwarze Holunder ist in Europa, Westasien und Nordafrika verbreitet und kommt an Naturstandorten vom Tiefland bis in Höhenlagen von 1.500 m vor. Er ist ein Großstrauch oder kleiner Baum bis 7 m Höhe.

*Schwarzer Holunder (Sambucus nigra, **Haschberg**) als Obstbaum in Vollblüte, aufgenommen in einer Holunderplantage*

Seine Äste mit den deutlich sichtbaren Lentizellen sind sehr auffällig, sie besitzen einen hohen Markanteil. Die fünfzählig gefiederten Blätter sind oberseits dunkelgrün, unterseits heller blaugrün und verbreiten beim Zerreiben (wie auch die übrigen Pflanzenteile) einen etwas unangenehmen Geruch. Im Mai / Juni, nach dem Blattaustrieb, erscheinen die gelblichweißen, intensiv duftenden Blüten, sie sind in flachen, doldenartigen Rispen (Trugdolden) zusammengefaßt und können etwa 10–20 (–30) cm im Durchmesser erreichen.

Eignung: Der Schwarze Holunder ist eine alte Kulturpflanze, die bereits seit Jahrhunderten in Bauerngärten als Nutz- und Heilpflanze kultiviert wird. Er ist als Solitärstrauch oder -baum, als Großstrauch für freiwachsende Hecken und als Gruppenstrauch in größeren, naturnahen Gärten interessant. Weiters kann er zur Begrünung von Böschungen, Schuttplätzen und als Sichtschutz verwendet werden. Da er sehr anspruchslos, robust und frosthart ist und auch im Halbschatten noch gut gedeiht, kann er universell eingesetzt werden. Der Holunder ist eine gute Bienenweide und dient Vögeln als Nahrungsquelle und Nistgelegenheit, daneben bietet er noch einer großen Anzahl von Schmetterlingen und Insekten Futter.

Frucht: Die Früchte sind 5–7 mm große kugelige, schwarz glänzende, beerenartige Steinfrüchte, sie enthalten einen sehr stark färbenden Saft von tiefroter Farbe. Der reife Fruchtstand ist überhängend, die einzelnen Früchte innerhalb des Fruchtstandes reifen bei Wildvorkommen oft unregelmäßig, bei Kultursorten gleichmäßig, bei letzteren sind die Fruchtstiele rötlich, grünlich oder weißlich gefärbt. Ab etwa Mitte August bis September setzt die Fruchtreife ein.

Holunderbeeren sind recht reich an Inhaltsstoffen: Fruchtzucker (14 % der Frischsubstanz), Vitamin C (20–100 mg / 100 g), Fruchtsäuren, vor allem Apfel- und Weinsäure (2,8 %), und Mineralstoffe (Kalzium, Phosphor und Kalium; 6–10 g / l Preßsaft). Die Samen enthalten das giftige Glycosid „Sambunigrin".

Verwertung: Holunder ist für den Rohgenuß nicht geeignet, beim Erhitzen wird jedoch das giftige Sambunigrin zerstört. Bei der Gewinnung des Saftes muß man die Samen entfernen (z.B. durch Passieren), der Saft eignet sich sehr gut als biologischer Färbesaft für die verschiedensten Verarbeitungsprodukte. Man kann daraus Marmelade, Gelee, Saft, Nektar, Wein, Likör, Branntwein, Bonbons, Punsch und Suppen bereiten; Holunder eignet sich auch für die Beimengung zu Milchprodukten. Die frischen Blüten werden für „Holundersekt" verwendet oder man bereitet daraus „Gebackene Holunderblüten" (Hollerstrauben), indem man sie in Teig frittiert; auch Wein, Schaumwein und Branntwein lassen sich daraus bereiten. Getrocknete Holunderblüten werden zu gesundheitsfördernden Tees und zur Herstellung homöopathischer Mittel verwendet. Blüten, Früchte, Blätter und die Rinde finden auch in der Pharmazie Verwendung. Früher hat man aus den Holunderbeeren sogar eine Tinte (Sambucin-Tinte) hergestellt.

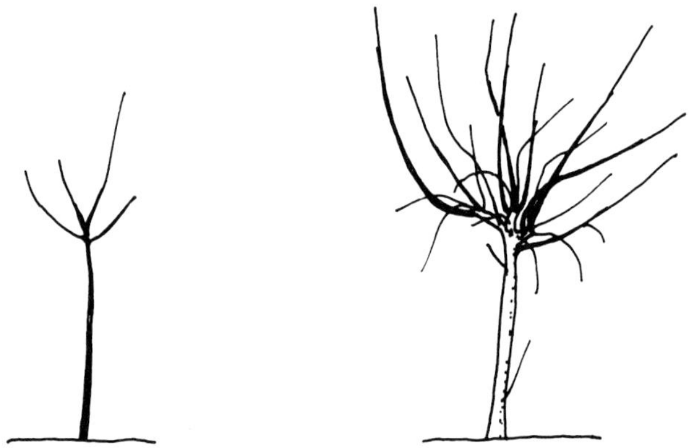

***Holunder:** Junger Baum (links) und Baum im Ertragsstadium (rechts) vor dem Schnitt*

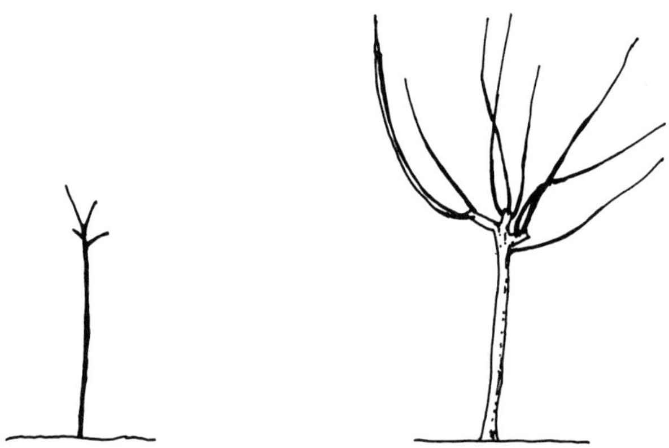

***Holunder:** Junger Baum (links) nach dem Pflanzschnitt und Baum im Ertragsstadium (rechts) nach dem Erhaltungsschnitt, etwa 7–10 kräftige Äste bleiben, zu dicht stehende sowie alle schwachen Triebe wurden entfernt*

Standortansprüche und Pflege: An sich ist der Holunderstrauch anspruchslos, industriefest und mäßig salztolerant. Legt man jedoch Wert auf einen guten Fruchtertrag, dann sollte der Boden mäßig frisch, stickstoff- und humusreich sein, die Niederschlagssumme sollte bei etwa 700 mm / Jahr liegen. Man muß den Holunder nicht unbedingt schneiden, aber ein Zurückschneiden der abgetragenen Fruchtäste auf nahe der Basis wachsende Jungäste (Fruchtasterneuerung) fördert den Fruchtertrag beträchtlich. An den Enden von Kurztrieben, die sich an vorjährigen Langtrieben entwickeln, werden die Blütendolden gebildet.

Krankheiten und Schädlinge: Holunderblattläuse sind die häufigsten Schädlinge beim Holunder, sie verursachen verdrehte und später verkrüppelte Triebe. Auch Gallmilben, Virosen, Stiellähme und Botrytis können auftreten.

Vermehrung und Anzucht: Holunder läßt sich einfach durch Steckholz, Abrisse oder Stecklinge vermehren. Es sollte allerdings nur virusfreies Pflanzenmaterial verwendet werden, die Wildvorkommen sind stark virusverseucht.

Sorten und Auslesen: Mittlerweile gibt es zahlreiche Holundersorten, die auch plantagenmäßig angebaut werden. Einige Sorten sollen hier kurz vorgestellt werden.

Haschberg (Selektion der HBLA Klosterneuburg): Stark wachsende Sorte mit guter Eignung zur Stammerziehung, mittelgroße Blätter, Blüte Anfang Juni, Fruchtreife Anfang bis Mitte September, sehr große Dolden mit kleinen, blauschwarzen, glänzenden Früchten, regelmäßiger Ertrag und hoher Farbstoffgehalt.

Donau: Stark aufrecht wachsende Sorte mit großen Blättern, Blüte Anfang Juni und Reife Ende August bis Anfang September, große Fruchtdolden mit mittelgroßen Früchten, gleichmäßige Reife.

Blätter und Früchte des Roten oder Traubenholunders (Sambucus racemosa)

Mammut: Starkwüchsig, eher aufrecht, mittelgroße Dolden mit gleichmäßig reifenden Früchten, rotstielig, Fruchtsaft sehr farbintensiv, dunkelviolettrot.

Es gibt noch zahlreiche weitere Auslesen und Sorten aus Österreich, Dänemark (***Samyl, Sampo, Samidor, Samdal***), der Schweiz, Deutschland, den Niederlanden, Belgien, der Slowakei, Rumänien und Ungarn (siehe Beerenobst). Es lassen sich auch die Früchte der Zierformen (***Laciniata, Variegata*** und ***Purpurea***) verwerten, allerdings ist der Ertrag bei diesen Sorten gering, auch die Inhaltsstoffe sind nicht in dem Ausmaß vorhanden wie bei den Fruchtsorten.

Weitere Arten

Traubenholunder oder Roter Holunder

(*Sambucus racemosa*)

Ist von Europa bis Westasien heimisch, entwickelt sich zu einem 1–3 m hohen Strauch mit bräunlichem Mark in den Trieben, die Blüten sind in kegelförmigen Rispen angeordnet, von gelblichgrüner Farbe und öffnen sich während des Austriebes. Die auffällig leuchtendroten, in Trauben angeordneten Beeren reifen ab Juli / August. Die Früchte können (nach Entfernung der Samen) für Marmeladen, Gelees, Säfte, vorwiegend in Mischung mit anderen Fruchtarten, verarbeitet und zum Verschnitt von Rhabarber- und Birnensaft verwendet werden. Der Rote Holunder kann in Hecken- oder Gruppenpflanzungen eingebracht oder zur Bodenfestigung auf Böschungen ausgepflanzt werden. Wichtig ist der Hinweis, daß diese Art (im Gegensatz zum Schwarzen Holunder) kalkmeidend sowie empfindlich gegenüber Trockenheit, Hitze und Salzbelastungen ist.

EINGRIFFELIGER WEISSDORN

Crataegus monogyna (*Rosaceae*, Rosengewächse)

Pflanzenmerkmale und Verbreitung: Verbreitung Europa bis Westasien, Nordafrika, kommt an sonnigen Waldrändern, in natürlichen Hecken und Gebüschen, an felsigen Hängen, in Laub- und Nadelmischwäldern in Höhen bis in 1.300 m vor.

Der Weißdorn ist ein sommergrüner, bedornter Großstrauch von 6–8 m, kann auch baumförmig und mitunter bis zu 10 m (–15 m) hoch wachsen und dabei sehr alt (mehr als 100 Jahre) werden. Junge Pflanzen wachsen oft sehr sparrig, dagegen können alte Exemplare recht malerische Wuchsformen aufweisen. Seine eirunden Blätter sind etwa 1–3 cm groß, oft bis zur Mittelrippe eingeschnitten und dunkelgrün gefärbt. Sie können im Herbst gelb oder tiefrot gefärbt sein. Die in endständigen Schirmrispen angeordneten weißen Blüten erscheinen im Mai in großen Mengen.

Eignung: Die heimischen Weißdornarten sind sehr anpassungsfähige Gehölze (Bodenfestiger) für Landschaft und größere Hausgärten (hier besonders auch für extremere Situationen, Böschungen, als Solitärbaum, für dichte, undurchdringliche Hecken etc.). Sie haben auch einen sehr hohen ökologischen Wert, denn die Blätter und nektarreichen Blüten bieten Nahrung für zahlreiche Schmetterlinge. Der Weißdorn ist auch ein wichtiges Vogelschutz- und -nährgehölz und wird auch von Säugern und zahlreichen Insekten angenommen. Allein dessen Anfälligkeit auf Feuerbrand ist zu berücksichtigen.

Frucht: Die apfelartigen, etwa 8–9 mm großen dunkelroten Früchte reifen im September / Oktober. Sie sind eßbar, besitzen nur einen Steinkern und schmecken mehligfade. Sie enthalten Flavonoide, Carotinoide, Anthocyanfarbstoffe, Gerbstoffe, Vitamin C (bis 230 mg / 100 g), ätherische Öle, Pektin, Zucker (bis 19 g / 100 g), Eiweiß und Mineralstoffe.

Verwertung: Das Fruchtfleisch schmeckt roh mehlig und fade, mitunter etwas süßsäuerlich. Es eignet sich gemischt mit anderen, insbesondere pektinarmen Früchten wie Brombeere und Holunder zur Herstellung von Gelees, Marmeladen, Kompott sowie zur Bereitung von Süßmost und Limonaden. Getrocknete Früchte wurden in Notzeiten gemahlen und als Mehlzusatz beim Brotbacken verwendet. Daher stammen auch die in manchen Regionen verwendeten Bezeichnungen „Mehlbeere", „Mehlfässel" und „Mehldorn".

Die in Blüten, Blättern und Früchten enthaltenen Substanzen werden zur Herstellung von Medikamenten und homöopathischen Mitteln für Herz und Kreislauf (sie wirken gefäßerweiternd, blutdrucksenkend und entzündungshemmend) verwendet.

Standortansprüche und Pflege: Der Weißdorn stellt keine besonderen Ansprüche an Boden und Klima, er ist anpassungsfähig und kalkliebend, bevorzugt jedoch offene, sonnige Lagen und mittelschwere, eher tiefgründige, nahrhafte Böden. Schnittmaßnahmen sind in der Regel nicht nötig, doch besitzt der Weißdorn ein sehr gutes Regenerationsvermögen.

Krankheiten und Schädlinge: Der Weißdorn wird von zahlreichen Krankheiten und Schädlingen, ähnlich jenen der Obstbäume, befallen. Gefährlich ist vor allem der in letzter Zeit auch bei uns verstärkt auftretende Feuerbrand (*Erwinia amylovora*). Im Falle des Auftretens dieser Krankheit sind die Pflanzen sofort zu roden und zu vernichten. Infektionen erfolgen vorwiegend über die Blüte, infizierte Triebe welken und vertrocknen. Die vertrockneten Triebspitzen hängen herab. Weißdorn sollte nicht in der Nähe von Obstplantagen oder Baumschulen ausgepflanzt werden.

Vermehrung und Anzucht: Die Samen müssen gleich nach der Ernte ausgewaschen werden, Aussaat nach Stratifizieren der Samen. Ältere Pflanzen lassen sich schlecht verpflanzen. Veredelte Gehölze beginnen früher zu fruchten als Sämlinge. Eine Vermehrung durch Absenker oder Stockteilung ist ebenfalls möglich. Der Weißdorn wird auch als Unterlage für andere Vertreter der Rosengewächse (z.B. *Sorbus*, *Amelanchier* etc.) verwendet.

Sorten und Auslesen: Fruchtauslesen von *Crataegus monogyna* sind nicht bekannt, allerdings einige Zierformen.

Detail des Weißdorns mit Blättern und Früchten (Crataegus monogyna)

Blühende Weißdornsträucher als Elemente naturnaher Heckenlandschaften (Crataegus monogyna)

Weitere Arten

Zweigriffeliger Weißdorn (*Crataegus laevigata*, Syn.: *C. oxyacantha*)
Kommt von Europa bis Nordafrika vor, wird 2–6 m (bis 10 m) hoch und bis 6 m breit. Blätter eiförmig, höchstens bis zur Mittelrippe eingeschnitten. Blüten im Mai, etwa 2 Wochen früher als *C. monogyna*, mit 2 (seltener 1 oder 3) Griffeln. Früchte länglich (ca. 1 cm), blutrot, mit 2 (1–3) Samen. Verwertung der Früchte wie *C. monogyna*. Zahlreiche Zierformen, darunter der bekannte Echte Rotdorn (*C. laevigata* Paul's Scarlet).

Azarole, Azaroldorn oder Azarolapfel (*Crataegus azarolus*)
Stammt aus Westasien und ist im Mittelmeerraum vielfach in Kultur, früher war der Azarolapfel auch nördlich der Alpen als Obstgehölz weit verbreitet. Er wächst zu einem kleinen Baum heran, dessen Früchte 2–3 cm groß werden. Sie können rundlich, birnenförmig oder mispelähnlich sein, ihre Farbe kann von Rot bis Gelblichweiß variieren. Das hellgelbe bis orange Fruchtfleisch schmeckt süß-säuerlich (apfelähnlich). Sehr hoher Vitamin C-Gehalt! Die Früchte werden entweder frisch (mit Zucker) oder mit Honig konserviert gegessen. Sie dienen auch zur Herstellung von Konfitüren, Kompotten, Likören und Backwaren.

Chinesischer Weißdorn (*Crataegus pinnatifida* var. *major*)
Herkunft: China; wird dort seit etwa 2000 Jahren als Kulturpflanze angebaut, ist bei uns nur in botanischen Sammlungen anzutreffen. Wird etwa 4–7 m hoch, besitzt bis 8 cm große, tief eingeschnittene Blätter und bringt zahlreiche, bis 3 cm große, rundliche rote Früchte. Sie können roh gegessen werden (säuerlicher Geschmack) und dienen zur Herstellung verschiedener Produkte wie Gelee, Marmelade, weichen Kaubonbons und kandierten Weißdornfrüchten. Sogar Saft und Weißdornwein werden in dessen Heimatländern daraus bereitet. Die Früchte besitzen sehr viele interessante Inhaltsstoffe von pharmakologischer Bedeutung.

Wildapfel und Zierapfel

Malus-Arten und -Sorten sowie *Malus*-Hybriden (*Rosaceae*, Rosengewächse)

Pflanzenmerkmale und Verbreitung: Die etwa 35 verschiedenen Wildapfelarten sind von Asien über Europa bis nach Nordamerika verbreitet. Neben dem eigentlichen heimischen Wildapfel werden etwa 10 weitere Apfelarten und zahlreiche Hybriden als Ziergehölze in unseren Gärten und Parkanlagen verwendet.

Die meisten Zieräpfel wachsen strauch- bis baumförmig und können 4–6 (–8) m hoch werden, wobei Kronendurchmesser von 3–4 (–5) m erreicht werden. Die Blütenfarbe variiert je nach Art und Sorte von Weiß über Rosa bis Dunkelrot, auch die Blütengröße ist sortenabhängig, sie beträgt in der Regel etwa 2,5–3,5 cm. Blütezeit ist der Mai, sie kann sich bis Anfang Juni erstrecken. Neben normalen grünlaubigen Formen gibt es auch rotlaubige Sorten.

Eignung: Zieräpfel sind reichblühende, kleinkronige Bäume oder Sträucher, die im Hausgarten als Solitärgehölze kaum mehr wegzudenken sind. Als Blickfang kommen sie besonders im Vorgarten gut zur Geltung, denn Wuchs, Blüte und Fruchtbehang

Junger Zierapfelbaum der Sorte ***John Downie*** *mit eßbaren Früchten (Malus-Hybride)*

Wohlschmeckende und attraktive Früchte der Zierapfelsorte ***John Downie*** *(Malus-Hybride)*

sind äußerst attraktiv. Sie benötigen mittelschwere Böden, die gut mit Nährstoffen versorgt und mäßig feucht sein sollten. Der Standort sollte sonnig sein, die Zieräpfel sind auch gut frosthart und können somit auch in kühleren Regionen gepflanzt werden. Sie sind gute Bienenweiden sowie als Pollenspender für Kulturapfelsorten geeignet.

Frucht: Die Früchte sind etwa 1,5–3,5 cm groß, variieren natürlich je nach Sorte, auch Form und Fruchtfarbe sind recht unterschiedlich. Sie können gelb sowie gelbrot bis dunkelrot ausgefärbt sein und bereits ab September abfallen oder bis lange in den Winter hinein an den Bäumen verbleiben. Auch bezüglich Geschmack und Bekömmlichkeit gibt es große Unterschiede.

An Inhaltsstoffen sind Kohlenhydrate, insbesondere Zucker, aber auch die Vitamine A, B und C in geringen Mengen sowie organische Säuren, Mineralstoffe und Gerbstoffe zu nennen.

Verwertung: Die Früchte eignen sich prinzipiell zur Herstellung von Most und Apfelwein, aber auch Schnäpse, Marmeladen und Gelees, vorwiegend in Mischungen, sind bekömmlich. Sie sind auch als Kompott gut verwertbar. Die Früchte des Wildapfels sollen auch für therapeutische und Medizinalzwecke geeignet sein. Die Schalen sind Bestandteil von Apfelschalentees und Kräutermischungen.

Standortansprüche und Pflege: Der Zierapfel stellt keine besonderen Bodenansprüche, nährstoffreiche, mittelschwere, gut durchlüftete Lehmböden mit mäßiger Bodenfeuchte sind günstig. Sonnige bis halbschattige Lagen werden bevorzugt. Schnittmaßnahmen sind nur bei Jungbäumen empfehlenswert (Aufbauschnitt), später sollte nur mehr im Bedarfsfall geschnitten werden.

Krankheiten und Schädlinge: Manche Sorten sind mehltau- oder schorfanfällig.

Vermehrung und Anzucht: Reine Wildformen lassen sich durch Samen (müssen stratifiziert werden) vermehren, Sorten und Hybriden werden durch Veredlung vermehrt.

Sorten und Auslesen

Holzapfel, Wildapfel (*Malus sylvestris*)

Bis 10 m hoch wachsender Baum mit stumpf-dunkelgrünen Blättern, Triebe oft in Dornen endend, Blüten weiß, außen rosa überlaufen, April bis Mai, gering selbstbefruchtend. Frucht bis 3 cm große, feste, gelbgrüne, herb-säuerlich schmeckende Äpfel.

John Downie
1875 in England entstanden, große weiße Blüten (– 4,5 cm), Früchte bis 4 cm lang und 3 cm dick, länglich, orangerot gefärbt, sehr früh reifend und bald abfallend. Die Früchte sind wohlschmeckend, süß, besitzen einen hohen Pektingehalt, besonders für Mus-Zubereitung interessant. Hoher Zierwert, kaum anfällig für Schorf.

Innerhalb des ungemein umfangreichen Zierapfelsortiments gibt es natürlich noch viele Sorten, deren Früchte sich für eine Verwertung anbieten, dies hier weiter auszuführen, würde den Rahmen des Buches sprengen.

MITTELGROSSE STRÄUCHER

Innerhalb dieser Gruppe gibt es Pflanzen für die unterschiedlichsten Bereiche im Garten. Sie variieren sowohl bezüglich ihrer Größe als auch Wuchsformen und ihrem Ausbreitungsdrang recht stark. Vom reinen Blütenstrauch bis zur Böschungspflanze, von der schattentoleranten Brombeere bis zum hitze- und sonneliebenden Schlehdorn reicht die Auswahl, für jeden Standort im Garten ist etwas dabei. Die Pflanzen dieser Kategorie wird man zumeist in kleinen Gruppen oder in größerer Anzahl im Garten unterbringen, insbesondere in Wildobst- und Wildgehölzhecken.

APFELBEERE, SCHWARZFRÜCHTIGE APFELBEERE

Aronia melanocarpa (*Rosaceae*, Rosengewächse)

Pflanzenmerkmale und Verbreitung: Die Apfelbeere stammt aus dem östlichen Nordamerika. Sie wurde um 1900 zu Züchtungszwecken von Deutschland nach Rußland importiert. Die Apfelbeere ist ein sommergrüner, locker aufrechter, mehrtriebiger, etwas ausläuferbildender Strauch von 1,5 m (bis 2 m) Wuchshöhe mit relativ dünnen, durch das Fruchtgewicht überhängenden Trieben. Seine elliptisch- bis verkehrt-eiförmigen, 2,5–5 cm langen, wechselständig angeordneten Blätter sind oberseits glänzendgrün und verfärben sich im Herbst leuchtend wein- bis dunkelrot. 10 bis 20 etwa 1–1,5 cm große, weiße Einzelblüten sind zu Doldentrauben zusammengefaßt und entwickeln sich überwiegend am Ende kurzer, einjähriger Seitentriebe im Mai.

Eignung: Apfelbeeren sind sehr frostharte, anspruchslose und anpassungsfähige Gehölze für Hecken, Gruppen und zur Einzelstellung im Garten. Sie bevorzugen eher kalkarme Standorte in vollsonniger Lage, gedeihen in kälteren bzw. in höheren Lagen noch recht gut. Wegen ihrer weißen Blüten im Mai bzw. ihrer verwertbaren Früchte und der schönen weinroten bis dunkelroten Herbstfärbung sind sie sehr empfehlenswert. Wertvolles Insekten- und Vogelnährgehölz.

Blühender Zweig der Schwarzfrüchtigen Apfelbeere (Aronia melanocarpa)

Fruchtender Strauch der Schwarzfrüchtigen Apfelbeere (Aronia melanocarpa)

Frucht: Zuerst rötlich, dann glänzend (violett)schwarze, apfelähnliche, kugelige, ca. 12 mm dicke, 0,6–1,0 g schwere Sammelscheinfrucht, die in Form und Größe stark an die Früchte der Eberesche erinnert. Schale und Fruchtfleisch sind fest, herb-süßlich, der Saft stark färbend. Fruchtreife Anfang bis Ende August. Erträge von 10–17 kg pro Strauch sind möglich. An Inhaltsstoffen sind vor allem der dunkelrote, stark färbende Farbstoff Anthocyan, (850 mg / 100 g), Vitamin C (10–30 mg / 100 g) sowie die Vitamine B_2, B_9, E und P erwähnenswert, weiters der geringe Säure- (1 %) und hohe Zuckergehalt (ca. 10–19 %).

Früchte der Apfelbeere

Verwertung: Die Früchte sind eßbar, schmecken im Rohzustand jedoch adstringierend, sind also für den Rohgenuß nicht sonderlich empfehlenswert. Der Preßsaft (Saftausbeute 75 %) eignet sich jedoch hervorragend als biologischer Färbesaft (5–7 % zu hellen Säften) für Schaumweine, Aperitifs, Cocktails, Liköre und andere alkoholische Getränke sowie zur Geleeherstellung. Wird auch für Molkereiprodukte (Joghurt etc.) sowie in der Süß- und Backwarenindustrie verwendet. Im Privathaushalt lassen sich die Früchte gut zu Mischmarmeladen verarbeiten. Die Früchte werden gerne von Vögeln gefressen. Früchte und Blätter scheinen auch wertvolle pharmazeutische Eigenschaften zu besitzen.

Standortansprüche und Pflege: Apfelbeeren stellen keine besonderen Ansprüche an Boden und Klima, sie sind sehr gut frosthart (bis –30 °C, werden unter anderem auch in Schweden und Finnland angebaut). Optimal sind Standorte mit genügender Boden- und Luftfeuchte (500–600 mm Jahresniederschlag), hoher Kalkgehalt in Kombination mit Trockenheit wirken sich ungünstig aus. Ansonsten sind Apfelbeeren sehr anpassungsfähig an verschiedene Bodenverhältnisse.

Krankheiten und Schädlinge: Kaum beobachtet, selten Frostspanner und Ebereschenmotte.

Vermehrung und Anzucht: Vermehrung durch Samen ist möglich, Selektionen und Sorten müssen jedoch vegetativ durch Stecklinge vermehrt werden. Auch Ableger und Abrisse sind möglich. Interessant für die Verwendung im Hausgarten sind neben den Sträuchern auch Meterstämme (Unterlage: *Sorbus aucuparia*, Pfropfen hinter die Rinde). Schnittmaßnahmen beschränken sich auf ein Auslichten (ähnlich wie bei Ribiseln – kontinuierliche Fruchtasterneuerung).

Sorten und Auslesen

Viking: Finnische Sorte, Fruchtgewicht ca. 1,5 g, Früchte vorwiegend an Triebenden, diese deshalb zur Erntezeit überhängend, ansonsten ähnlich Nero.

Nero: Wuchs etwas aufrechter als bei der Wildform, größere Doldentrauben, Fruchtgewicht 1,0–1,5 g, spät reifend.

Rubina: In Ungarn gezüchtete Sorte – Kreuzung aus Viking mit einer russischen Sorte (Züchter: Vellnagel, Sortenschutz), früh reifende Sorte mit größeren Früchten (1,2–1,8 g), hochwachsender Strauch.

Aron: Aus Dänemark stammende Sorte, reichfruchtend, Früchte etwas kleiner, sonst wie *A. melanocarpa.*

Hugin: Apomiktische Sorte aus Schweden, reichtragend, sehr winterhart, sortenechte Vermehrung durch Samen möglich.

Königshof: Reichfruchtende Selektion mit mittelgroßen Früchten (Selektion der HBLVA – Schönbrunn)

Weitere Arten

Pflaumenblättrige Apfelbeere (*Aronia* x *prunifolia*)
Hybride zwischen *Aronia melanocarpa* x *Aronia arbutifolia* mit etwas schmäleren Blättern und kleineren Früchten. Diese sind purpurn oder purpurschwarz gefärbt.

Die oben genannten Sorten werden von einigen Autoren *Aronia* x *prunifolia* zugeordnet.

Gemeine Berberitze, Sauerdorn

Berberis vulgaris (*Berberidaceae*, Berberitzengewächse)
Weitere Namen: Essigbeere, Essibei, Poaßlpei, Baißelbeere, Weinscharln, Dreidorn, Spießdorn, Hageldorn, Spitzbeere, Erbsele, Reißbeere

Pflanzenmerkmale und Verbreitung:

Das natürliche Verbreitungsgebiet der Berberitze erstreckt sich von Süd-, West- und Mitteleuropa bis nach Kleinasien. Sie kommt von den Niederungen bis in 2.500 m Höhe vor, meist an sonnigen Waldrändern, Hecken oder freistehenden Strauchgruppen. Berberitzen sind sommergrüne, etwa 2,5–3 m hohe, dichttriebige Sträucher mit bogig nach außen überhängenden Zweigen. Ausläuferbildung, dadurch im Alter zu Dickichten heranwachsend. An den Langtrieben befinden sich bis 2 cm lange, dreiteilige Blattdornen an der Basis wechselständig oder büschelig angeordneter Blätter. Diese sind verkehrt-eiförmig bis länglich, bis 4 cm lang, derb, Blattränder stachelig gezähnt und weisen im Herbst eine gelblich-orangerote Färbung auf. Die leuchtendgelben, stark duftenden Blüten erscheinen im Mai / Juni in bis zu 7 cm langen hängenden Trauben. Eine biologische Besonderheit sind die leicht reizbaren Staubblätter, die bei geringfügiger Berührung nach innen zur Narbe hin schnellen.

Holz, Rinde und die gelbe Wurzel sind giftig! (Sie enthalten die schwach giftigen Alkaloide Berberin, Oxyberberin und Bervulcin), wurden früher zum Gelbfärben von Leder, Wolle, Seide und Holz benutzt. Die Berberitze ist auch Zwischenwirt des Getreiderostes (*Puccinia graminis*).

Reich mit Blüten besetzte Zweige des Gemeinen Sauerdorns (Berberis vulgaris)

Der Fruchtbehang des Koreanischen oder Frucht-Sauerdorns ist außergewöhnlich (Berberis koreana)

Eignung: Berberitzen sind insgesamt anspruchslose, anpassungsfähige Sträucher, die auch für Böschungen und Extremstandorte verwendet werden können. Als Gruppen- und Heckensträucher, auch für geschnittene Hecken, sind sie verwendbar. Darüber hinaus sind sie ökologisch sehr wertvoll, sowohl als Vogelschutz-, -nähr- und -nistgehölz als auch als wichtige Insektenweide.

Frucht: Sanddornfrüchte sind länglich-ovale, 8 bis 12 mm lange, walzenförmige, leuchtendrote Beeren mit 2–3 Samen, sie reifen etwa ab September und sind eßbar, das Fruchtfleisch ist jedoch sehr säuerlich, wobei die Säure durch Frosteinwirkung etwas gemildert wird. Die Früchte enthalten Fruchtsäuren (Zitronen-, Weinstein- und Apfelsäure, etwa 3,1 g / 100 g), Zucker (5,5 g / 100 g) und 20 mg / 100 g Vitamin C. Wegen der dornigen Triebe sind die Früchte jedoch schwer zu ernten.

Verwertung: Man kann die sehr säuerlichen Früchte nach Frosteinwirkung roh (mit Zucker) verzehren, die Samen sollten nicht gegessen werden. Vorwiegend finden die Früchte jedoch Verwendung als Säure- und Aromaträger in Gelees, Mehrfruchtmarmeladen und Süßmost aus Süßfrüchten (z.B. Birne, bestimmte Apfelsorten und Südfrüchte). Auch Honigwein, Essig und Branntwein lassen sich aus den Früchten herstellen. Besonders die aus den Beeren gewonnenen Säfte wirken erfrischend, sie dienten früher in der Volksheilkunde als Erfrischungsmittel für Fieberkranke und sollen darüber hinaus bei Lungen-, Leber- und Darmerkrankungen helfen.

In Persien werden leicht getrocknete, scheinbar samenlose Berberitzenfrüchte überall auf den Märkten verkauft, sie sind wichtiger Bestandteil der persischen Küche. Diese Früchte schmecken fein säuerlich und weisen ein sehr gutes Aroma auf.

Standortansprüche und Pflege: Berberitzen sind nicht sehr wählerisch, was den Standort betrifft, sie kommen noch mit sehr trockenen, stark kalkhältigen Böden gut zurecht. Ihr Wurzelsystem ist dicht, flach ausgebreitet und weitreichend, der Feinwurzelanteil ist hoch. Damit eignet sich die Berberitze auch für sonst schwer bepflanzbare Pionierstandorte. Als Schnittmaßnahme ist die Entfernung älterer Triebe angebracht, damit ständig junge Triebe eine gute Blüten- und Fruchtentwicklung ermöglichen.

Krankheiten und Schädlinge: Neben dem Auftreten des Getreiderostes, dessen Zwischenwirt die Berberitze ist, treten noch gelegentlich Raupen der Berberis-Blattwespe (Juni) auf.

Vermehrung und Anzucht: Berberitzen lassen sich leicht durch Samen vermehren, benötigt man nur einzelne Pflanzen, kann man auch Wurzelausläufer oder Absenker verwenden. Auch die Vermehrung durch Grünstecklinge ist möglich.

Sorten und Auslesen

Dulcis: Die Früchte dieser Sorte sind nur wenig sauer bis süß.

Asperma: Hierbei handelt es sich um eine samenlose Sorte; aus deren Früchten wird in Frankreich die „Confiture d'epine vinette" hergestellt.

Weitere Arten

Korea-Berberitze (*Berberis koreana*)
Sie ähnelt unserer heimischen Berberitze, wird bis 2 m hoch und ebenso breit, besitzt etwas größere (7–9 cm) Blätter und weist ebenfalls eine gelborange Herbstfärbung auf. Blütenfarbe gelb, etwas größere Blütentrauben, reichblühend, Früchte leuchtend rubinrot, glänzend, elliptisch bis walzenförmig, in bis zu 8 cm langen Trauben angeordnet. Bleiben bis lange in den Winter hinein (nach dem Laubfall) an den Sträuchern, sind leichter zu beernten als die heimische Berberitze. Auch ihre Früchte weisen einen hohen Vitanim C- und Fruchtsäuregehalt (bis 11 %) auf. Von dieser Art gibt es zwei Sorten (Baumschule Berlin – Baumschulenweg): ***Rubin*** und ***Azisa***.

Die Früchte anderer Berberitzenarten bzw. deren Zierformen sind für den Rohgenuß und für Verwertungszwecke nicht zu empfehlen.

WILDE BROMBEERE

Rubus fruticosus (*Rosaceae*, Rosengewächse)

Pflanzenmerkmale und Verbreitung: Brombeeren sind eine sehr formenreiche Gruppe auf der nördlichen Halbkugel mit zahlreichen schwer unterscheidbaren Formen und Unterarten. Sie wachsen auf Kahlschlägen, an Waldrändern und auf Schutthalden vom Flachland bis in Höhenlagen von 1.700 m Seehöhe. Bei der in Europa heimischen Wilden Brombeere handelt es sich um sommergrüne bis wintergrüne Halbsträucher, die mit bogig überhängenden Trieben vorwiegend kriechend oder mit ihren meist mit Stacheln bewehrten Trieben aufrecht (Spreizklimer) wachsen und dabei bis zu 3 m hoch und breit werden können. Sie bilden im ersten Vegetationsjahr Triebe ohne Blüten aus, erst in zweiten Jahr entwickeln sie an diesen Kurztriebe mit Blüten. Diese Triebe sterben, nachdem sie gefruchtet haben, ab. Ihre meist 5zähligen Blätter sind oberseits glänzend oder mattgrün, unterseits graugrün bis weißfilzig. Von Juni bis Juli (August) entwickeln sich die selbstfruchtbaren, weißlichen bis hellrosa Blüten in vielblütigen Blütenrispen.

Eignung: Mit Wilden Brombeeren lassen sich Böschungen befestigen, sie können für undurchdringliche Hecken verwendet werden und sind für sonnige bis halbschattige Standorte geeignet. Manche Typen sind allerdings wärmeliebend und frostempfindlich, andere wiederum gut frosthart. Bienenweide und Schutzgehölz für Kleintiere und Vögel.

Frucht: Die Früchte sind eßbare, meist schwarz glänzende Sammelsteinfrüchte (bestehen aus 20–50 kleinen Einzelfrüchten), die sich bei der Ernte nicht vom kegelförmigen, zapfenartigen Blütenboden lösen. Brombeeren reifen von August bis Oktober und sind sehr saftig und wohlschmeckend. Sie enthalten Provitamin A, Vitamin C, B_1, E, K und Fruchtzucker, aber auch Fruchtsäuren, Mineralstoffe, Pektine und Flavone.

Verwertung: Brombeeren sind als Naschfrüchte geeignet. Auch für die Verarbeitung zu Saft, Wein (auch zum Färben von Rotwein), Most, Likör sowie für die Kompott-, Marmelade-, Konfitür- und Geleeherstellung sind sie geeignet, sie werden auch als Zusatz zu Milchprodukten und zur Füllung von Backwaren verwendet. Die Früchte wirken magenstärkend und blutbildend, man sagt ihnen auch nach, daß sie rheumalindernd seien. Auch die Blätter werden verwertet, man bereitet daraus Kräuterteemischungen, die entzündungshemmend sind sowie gegen Fieber und Erkrankungen der Atemwege helfen sollen.

Standortansprüche und Pflege: Da Brombeeren wintergrün und deshalb nur mäßig frosthart sind, bevorzugen sie sonnige bis halbschattige Standorte in wintermilden

Brombeerpflanze mit Blättern und Früchten am natürlichen Standort (Rubus fruticosus)

Gebieten. Der Boden sollte mäßig nährstoffreich sein, es werden kalkhältige bis leicht saure Bodenverhältnisse toleriert. Schnittmaßnahmen sind bei Wildformen in der Regel nicht notwendig, da man diese eher verwildern lassen wird. Abgetragene zweijährige Ruten entfernen.

Krankheiten und Schädlinge: Grauschimmel der Früchte bei feuchter Witterung, Brombeerrutenkrankheit, Brombeermilbe und Brombeerblattlaus können auftreten.

Vermehrung und Anzucht: Samenvermehrung ist möglich (Samen vor Vollreife ernten, stratifizieren), sonst Absenker, Ableger oder bewurzelte Ausläufer, auch eine Vermehrung durch Wurzelschnittlinge und Grünstecklinge ist möglich.

Brombeerstrauch vor dem Schnitt

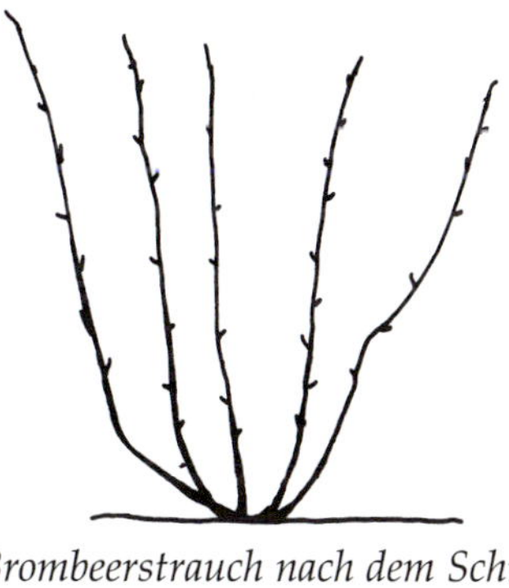

Brombeerstrauch nach dem Schnitt, abgetragene 2jährige Triebe wurden entfernt

Sorten und Auslesen: Es gibt zwar Auslesen aus Wildformen (***Darrow, Rangers*** u.a.), doch haben diese keine Bedeutung. In den Gärten werden zwecks Fruchtgewinnung vorwiegend Fruchtsorten (meist Hybriden, siehe Beerenobst) verwendet, Kultursorten gibt es seit etwa Mitte des 19. Jahrhunderts.

Weitere Arten

Kratzbeere oder Ackerbrombeere (*Rubus caesius*)
Ist ein kleiner, kaum 1 m hoher Strauch mit oft mehrere Meter langen, niederliegenden stacheligen Trieben, die sich an den Spitzen bewurzeln und dadurch Dickichte bilden. Dreizählige Blätter und weiße, wenigblütige Doldenblüten im Mai / Juni charakterisieren diese Pflanze. Es entwickeln sich schwarze, auffällig blau bereifte, aus wenigen Einzelfrüchten zusammengesetzte Sammelfrüchte mit saurem Geschmack (nicht besonders schmackhaft) von Juli bis Oktober.

Schwedische Ackerbeere (*Rubus arcticus*)
Ist eine niedrig wachsende Staude der nördlichen Halbkugel; sie bildet gelbbraune, süße Früchte aus. Von ihr stammt die All-Ackerbeere (*R. arcticus* var. *stellarcticus*) ab. Diese ist eine niedrig wachsende, sich stark ausbreitende Pflanze mit dunkelroten Früchten, die angenehm säuerlich und aromatisch schmecken. Eignet sich für Frischverzehr und Verarbeitung. Sie benötigt feuchte Böden mit saurer Bodenreaktion.

Moltebeere (*Rubus chamaemorus*)
Kommt nur in Nordeuropa in den Torfmooren Norwegens und Finnlands vor. Zweihäusige, etwa 20 cm hohe Staude mit dünnen, unbewehrten Trieben. An ihnen entwickeln sich große, hellorangegelbe, wohlschmeckende Sammelfrüchte mit großen Steinfrüchten.

HIMBEERE, WALDHIMBEERE

Rubus idaeus (*Rosaceae*, Rosengewächse)

Pflanzenmerkmale und Verbreitung: In Europa heimisch, vor allem in Lichtungen vom Flachland bis in 1.850 m Seehöhe. Himbeersträucher sind sommergrüne Halbsträucher mit starker Ausläuferbildung und daher Dickichte (Wurzelbrut) bildend. Sie werden etwa 2 m hoch, die aufrechten Triebe bilden erst im zweiten Jahr Blüten und Früchte und sterben anschließend ab. Die Triebe selbst sind borstig bestachelt, die Blätter drei- bis siebenzählig mit hellgrüner Blattoberseite und graufilziger Unterseite. Je nach Höhenlage setzt ab etwa Ende Mai bis Juli die Blütezeit ein, die kleinen weißen Blüten sind zwittrig und selbstfruchtbar. Sie entwickeln sich an Seitentrieben in rispigen Blütenständen.

Eignung: Waldhimbeeren eignen sich besonders zur Begrünung und Befestigung von sonnigen bis halbschattigen Böschungen oder zum Verwildern in wenig genutzten Gartenbereichen auch im Halbschatten unter Bäumen. Ökologisch wichtige Pflanze für Vogelarten und Kleinsäuger, auch gute Bienenweide und Futterpflanze für Schmetterlinge.

Frucht: Purpurrote, saftreiche Sammelsteinfrüchte mit feiner Behaarung, die über einen längeren Zeitraum hindurch nach und nach reifen. Im Gegensatz zu den Brombeeren lassen sie sich leicht vom Zapfen lösen und sind innen hohl. Sie enthalten viel Zucker (Fructose, Glucose und Saccharose), Fruchtsäuren und Mineralstoffe, daneben noch die Vitamine C, B_1 und B_2 sowie Pektine und Flavone.

Verwertung: Himbeerfrüchte wurden an Wildstandorten bereits seit der Bronzezeit gesammelt. Sie eignen sich ausgezeichnet für den Frischverzehr, lassen sich auch tieffrieren und sind als Aromafrucht sehr vielseitig verwertbar. Verarbeitet werden sie zu Limonaden, Sirup, Konfitüre, für Torten- und Gebäckfüllungen, Eis, Grütze, Likör, Wein und Himbeergeist. Sie schmecken auch als Zusatz zu Milchprodukten hervorragend. Die jungen Blätter und Triebe der Pflanzen enthalten ebenfalls Vitamin C und Gerbstoffe, sie werden für Teemischungen (mit Brombeere, Erdbeere, Lindenblüten und Waldmeister) verwendet.

Standortansprüche und Pflege: Sie bevorzugen mäßig feuchte, nährstoffreiche Böden mit pH-Werten zwischen 5,5–6,5 an sonnigen bis leicht schattigen Standorten. Wenn sie verwildern, sind keine Schnittmaßnahmen nötig, man kann die abgetragenen Ruten aber (wie bei den Kultursorten) nach der Ernte bodennah entfernen.

Himbeerstrauch vor dem Schnitt

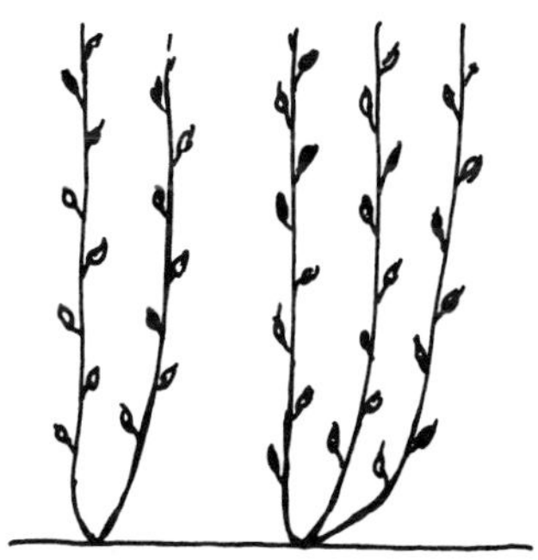

Himbeerstrauch nach dem Schnitt, abgetragene 2jährige Triebe wurden entfernt

Fruchtende Himbeerruten, aufgenommen in einem „Himbeerschlag" in einer Waldlichtung (Rubus idaeus)

Krankheiten und Schädlinge: Pflanzen von Waldhimbeeren bzw. Wildhimbeeren sind oft von Viren befallen, sie sollten daher nicht in der Nähe von Erwerbsanlagen gepflanzt werden. Daneben können noch die Rutenkrankheit, Wurzelfäule sowie der Himbeerblütenstecher und Himbeerkäfer, gelegentlich auch Spinnmilben auftreten.

Vermehrung und Anzucht: Lassen sich leicht durch Wurzelausläufer vermehren.

Sorten und Auslesen: Die Selektionen und Auslesen (seit dem 16. Jahrhundert) werden als Kultursorten behandelt und sind in der Beerenobst-Literatur ausführlich beschrieben.

JAPANISCHE WEINBEERE

Rubus phoenicolasius (*Rosaceae*, Rosengewächse)

Pflanzenmerkmale und Verbreitung: Diese Verwandte der Himbeere und Brombeere stammt ursprünglich aus Ostasien (China, Korea und Japan) und ist seit dem Ende des 19. Jahrhunderts in Kultur. Die Pflanze selbst entwickelt sich zu einem 2–3 m hohen Strauch mit aufrechten Grundstämmen und überhängenden bis niederliegenden Seitentrieben, alle Triebe sind dicht borstig behaart, dazwischen befinden sich wenige dünne Stacheln. Die Pflanzen entwickeln Wurzelausläufer. Ihre sommergrünen, 3–5zähligen Blätter werden etwa 10 cm lang und sind unterseits weißfilzig. Von (Juni) Juli bis August erscheinen die hellrosa Blüten, die in kleinen Trauben angeordnet sind, Knospen auffällig rostrot borstig behaart.

Die Früchte der Japanischen Weinbeere sind säuerlich und wohlschmeckend (Rubus phoenicolasius)

Eignung: Fruchtstrauch, der – ähnlich wie Brombeeren – an Klettergerüsten aufgebunden werden sollte. Eignet sich besonders für die Berankung von Mauern, Zäunen, als fruchttragende Hecke oder Abpflanzung. Auch zur Unterpflanzung im Halbschatten und für halbschattige Böschungen, dann allerdings ohne Klettergerüst und verwildern lassen. Einen interessanten Winteraspekt (Ziergehölz) stellen die rotborstigen Triebe dar.

Frucht: Halbkugelige, intensiv orangerot leuchtende Sammelsteinfrucht, die von einem rotborstigen Kelch umgeben ist. Die Früchte der Japanischen Weinbeere schmecken angenehm säuerlich.

Verwertung: Für den Rohgenuß geeignet.

Standortansprüche und Pflege: Bevorzugt geschützte Lagen (Weinbauklima), eventuell Winterschutz (mit Reisig). Schnittmaßnahmen beschränken sich auf das Entfernern alter, trockener Triebe.

Krankheiten und Schädlinge: Resistent gegen Himbeerkäfer.

Vermehrung und Anzucht: Vermehrung durch Grünstecklinge, Wurzelausläufer, Absenker und Ableger.

Sorten und Auslesen: Keine bekannt.

JOHANNISBEERE, STACHELBEERE

Ribes sp. (*Saxifragaceae*, Steinbrechgewächse)

Pflanzenmerkmale und Verbreitung: Von Europa bis Asien beheimatet, seit Jahrhunderten gepflanzt, oft handelt es sich bei den Wildvorkommen um Sämlinge von Sorten, die verwildert sind. Vorkommen vom Tiefland bis in 1.000 m Höhe (Stachelbeere) und 1.800 m Höhe (Schwarze Johannisbeere). Sommergrüne Sträucher von 0,5–2,5 m Wuchshöhe, Stachelbeere mit dreiteiligen Stacheln, Ribisel-Arten unbestachelt.

Eignung: Füll- und Decksträucher für naturnahe Pflanzungen,.Hecken und Gruppen, auch für lichten Schatten geeignet.

Frucht: Erbsengroße bis 1 cm große eßbare Früchte mit zumeist wenig Geschmack. Enthalten Vitamin A_1, B_1 und C (Schwarze Johannisbeere 80–350 mg / 100 g Frischsubstanz), Fruchtsäuren, Zucker, Pektin, Protein, Gerbstoffe und Mineralstoffe.

Verwertung: Für Frischverzehr geeignet, Verarbeitung zu Konfitüre, Fruchtsaft und Gelee, auch Herstellung von alkoholischen Getränken und Kompott. Ertrag und Fruchtqualität bei Fruchtsorten jedoch wesentlich besser.

Standortansprüche und Pflege: Die Stachelbeere bevorzugt nährstoffreiche, humose, kalkhältige Böden, die Schwarze Johannisbeere kommt eher auf leicht alkalischen bis schwach sauren Böden vor, sie verträgt sowohl sonnige als auch halbschattige Lagen. Gut schnittverträglich.

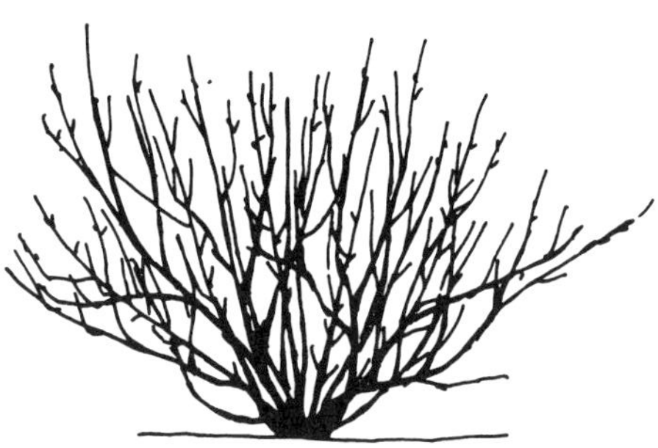

Johannisbeerstrauch vor dem Schnitt

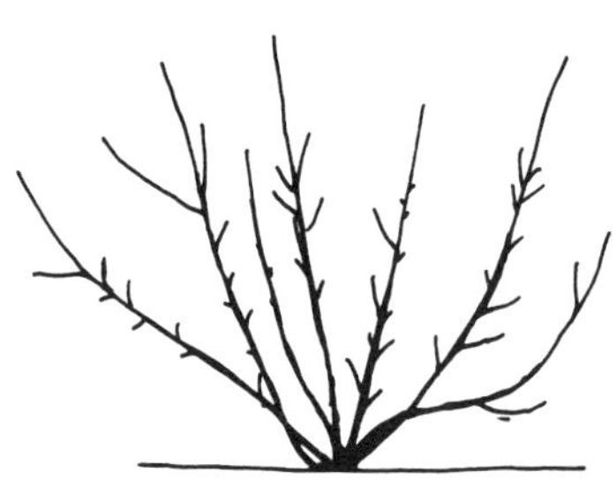

Johannisbeerstrauch nach dem Schnitt, ältere und zu dicht stehende Triebe wurden entfernt

Krankheiten und Schädlinge: *Ribes*-Arten sind Zwischenwirte des Blasenrost-Pilzes, dessen Befall bei 5nadeligen Kiefern (Zirbe und Weymouthskiefer) zu deren Absterben führen kann.

Vermehrung und Anzucht: Lassen sich leicht durch Steckhölzer vermehren.

Sorten und Auslesen: Nicht vorhanden, die zahlreichen Kultursorten sind nicht als „Wildobst" einzustufen.

Weitere Arten

Alpen-Johannisbeere (*Ribes alpinum*)
1–2 m hoher buschiger Strauch mit kleinen Blättern, hellgrauen Trieben, gelblichgrünen, aufrechtstehenden, zweihäusigen Blütenrispen und dunkelroten Früchten mit fadem Geschmack. Die Pflanzen werden als Füll- und Decksträucher zur Unterpflanzung unter schattigen Baumpartien verwendet.

Schwarze Johannisbeere (*Ribes nigrum*)
Die Wildform ist selten echt, 1,5–2,5 m hoher, sommergrüner Strauch mit Verbreitung von Europa bis Asien (Himalaja). Trägt 3–5lappige Blätter, gelblichgrüne, achselständige, hängende Blütentrauben im April / Mai. Im Juli / August entwickeln sich kugelige, schwarze, erbsengroße Beeren von herb-säuerlichem Geschmack.

Felsen-Johannisbeere (*Ribes petraeum*)
In West- und Mitteleuropa vorkommend, aufrechter Strauch bis 1,5 m Wuchshöhe, unterseits behaarte Blätter, rote bis schwarzrote säuerlich schmeckende Früchte.

Stachelbeere (*Ribes uva-crispa*)
Von Süd- bis Mittel- und Westeuropa sowie im Kaukasus und in Nordchina beheimatet. Die Stachelbeere ist ein 1 m hoher, bestachelter Strauch mit 3–5lappigen Blättern, glockigen, grünlichgelben Blüten, die einzeln oder bis zu dreien zusammenstehen und im April / Mai aufblühen. Die Früchte sind kleine behaarte, kugelig-eiförmige, grünlichgelbe Beeren, die im August reifen und süß säuerlich schmecken. Vitamin C-Gehalt in reifen Früchten bis 35 mg / 100 g Frischgewicht.

Die Alpen-Johannisbeere erkennt man leicht an den aufrechten, grünlichen Blütenständen (Ribes alpinum)

Die Früchte der Korea-Kirsche (Prunus tomentosa) sehen nicht nur wie kleine Weichseln aus, sie schmecken auch sehr ähnlich, sind allerdings wesentlich süßer als letztere

Die Früchte der Maibeere (Lonicera caerulea var. kamtschatica)
(Text siehe Seite 90 und 91)

KOREA-KIRSCHE

Prunus tomentosa (*Rosaceae*, Rosengewächse)
Weitere Namen: Filz-Kirsche, Nanking-Kirsche

Pflanzenmerkmale und Verbreitung: Japan, China bis Korea und Himalaja, deshalb wird sie auch als Nanking-Kirsche oder Korea-Kirsche bezeichnet. Es sind sommergrüne, mäßig dicht verzweigte, 1,5 bis maximal 2,5–3 m hoch werdende Sträucher mit stark filzigen, jungen Trieben. Die verkehrteiförmigen, 4–6 cm langen Blätter sind oberseits stumpfgrün und behaart, unterseits graugrün und filzig behaart (Filz-Kirsche!). Etwa 1,5 cm große weiße Blüten mit zartrosa getönter Mitte erscheinen entlang der Triebe in reicher Fülle in der Regel vor dem Laubaustrieb ab April.

Bereits Mitte März blüht die Korea- oder Filz-Kirsche (Prunus tomentosa), ein äußerst attraktiver Blütenstrauch

Eignung: Reichblühender Zier- und Fruchtstrauch für sonnige Lagen, in Blütenhecken, als Einzelstrauch mit Stauden kombiniert, oder für größere Kübel. Er blüht und fruchtet bereits als 3–4jähriger Sämling, ist allerdings nur recht kurzlebig (etwa 10–15 Jahre).

Frucht: Die Früchte sind klein, etwa 1 cm groß, kugelig, hell scharlachrot, etwas durchscheinend, von sehr angenehmem, süß-säuerlichem Geschmack. Sie erinnern an süße Weichselkirschen, sind gut steinlösend und vielseitig verwertbar. An Inhaltsstoffen sind Fruchtsäuren, Zucker, Farbstoffe, Vitamine und Mineralstoffe zu erwähnen.

Verwertung: Eignen sich vorzüglich für den Rohgenuß, können auch zu Säften, Konfitüre, Marmelade und Kompott verarbeitet und als Kuchenbelag verwendet werden. Auch zur Likörbereitung empfehlenswert.

Standortansprüche und Pflege: Bevorzugt etwas schwerere bis sandig-lehmige, humose Böden, vollsonnige Standorte und mäßige Bodenfeuchte. Auch in kalten Regionen gut winterhart. Da die Pflanzen zwar durchwegs reich blühen, aber nicht immer reich fruchten, sollten zur Erreichung eines besseren Fruchtansatzes mehrere Pflanzen zusammen gepflanzt werden. Schnittmaßnahmen sind nicht notwendig, doch ein kräftiger Verjüngungsschnitt kann in mehrjährigen Abschnitten ein vorzeitiges Vergreisen verhindern. Schneidet man die zweijährigen Triebe sogleich nach der Blüte auf 5–10 Knospen zurück (natürlich fruchten sie dann in dieser Saison nicht!), so entwickeln sich im selben Jahr noch lange einjährige Ruten, die im Folgejahr wieder reich mit Blüten besetzt sind.

Krankheiten und Schädlinge: Gelegentlich verstärkter Befall mit Zweig-Monilia.

Vermehrung und Anzucht: Lassen sich leicht durch Samen vermehren (stratifizieren), auch eine Vermehrung (z.B. reichfruchtender Auslesen) durch Grünstecklinge ist möglich.

Sorten und Auslesen: Sind zur Zeit (außer einer großblütigen Zierform) nicht bekannt. Es sollten jeweils mehrere Sträucher reichfruchtender Samenauslesen gepflanzt werden.

MAIBEERE, HONEYBERRY

Lonicera caerulea var. *kamtschatica* (*Caprifoliaceae*, Geißblattgewächse)

Die Maibeere ist als Unterart der heimischen Blauen Heckenkirsche (*Lonicera caerulea*) anzusehen und wird von einigen Autoren als eigene Art (*L. kamtschatica*) betrachtet. Sie wird neuerdings auch in heimischen Baumschulen angeboten.

Pflanzenmerkmale und Verbreitung: Vorkommen der Art selbst von Europa bis Mittel- und Ostasien sowie Japan. Angeblich auch in Nordamerika beheimatet. Die Blaue Heckenkirsche ist ein sommergrüner, etwa 1–2,5 m hoher, dichtverzweigter Strauch mit frühem Blattaustrieb. Wie bei den übrigen strauchförmigen Heckenkirschen sind auch bei dieser Art die gelblichweißen, trichterförmigen Blüten paarweise auf einem etwa 1 cm langen nickenden Stiel angeordnet. Sie blüht im April / Mai.

Eignung: Anspruchsloses und schattentolerantes, frosthartes Zier- und Wildgehölz für die Unterpflanzung unter größeren Bäumen geeignet, verträgt auch Wurzel- und Schattendruck. Auch für sonnige Standorte, z.B. in Hecken, Gruppenpflanzungen oder als Einzelpflanze mit niedrigen Stauden geeignet. Die Heckenkirsche ist kalkmeidend, deshalb nur auf kalkarmen oder leicht sauren Standorten mit mäßig hohem Nährstoffgehalt (normaler Gartenboden) zu verwenden.

Frucht: In einigen Regionen Asiens wird die Blaue Heckenkirsche dem Obst zugeordnet. Die Frucht ist eine etwa 1 cm lange, kugelige, schwarze und hellblau bereifte Doppelbeere (zwei Beeren sind deutlich sichtbar miteinander verwachsen). Der Geschmack der Beeren wird unterschiedlich beurteilt, von eßbar, aber nicht wohlschmeckend (angeblich kann der Genuß roher Beeren Übelkeit hervorrufen) bis wohlschmeckend reichen die Aussagen, der Geschmack ist süßlich-bitter, die Beere ist saftig und reift ab Ende Mai / Anfang Juni. An Inhaltsstoffen sind Zucker (6–8 %), Fruchtsäuren (2–4 %) Vitamin C (120 mg / 100 g) sowie Anthocyan, Rutin und Flavonoide zu erwähnen.

Verwertung: Frischverzehr, auch Säfte, Kompott, Mus und Marmelade lassen sich herstellen, auch in Mischung mit anderen Obstarten. In Rußland dienen die Früchte, die mit Zuckersirup verarbeitet werden, zur Herstellung von „Warenje".

Standortansprüche und Pflege: Die Blaue Heckenkirsche ist ein anspruchsloses Gehölz für sonnige bis schattige Standorte, allerdings benötigt sie kalkarme, nicht zu trockene Böden. Besondere Pflege- oder Schnittmaßnahmen sind nicht notwendig.

Krankheiten und Schädlinge: Weil nur sehr selten angebaut, kaum vorhanden.

Vermehrung und Anzucht: Die Art läßt sich durch Samen vermehren, Auslesen und Sorten werden durch Ableger und Absenker bzw. durch Grünstecklinge vermehrt.

Sorten und Auslesen: Die Maibeere stammt aus Ostsibirien, wächst zu einem 0,5–1,5 m hohen Strauch heran und hat graugrüne, beiderseitig stark samtig behaarte Blätter. Die Blüten sind klein, gelblichweiß, schwach duftend, selbstunfruchtbar; Früchte 10–15 mm lang, blau, Fruchtgewicht 0,56 g; Reifezeit von Mai bis Juni. Sind nach russischen Angaben für den Frischverzehr geeignet, werden aber auch zur Herstellung von Säften und Marmeladen verwendet. Es existieren verschiedene Auslesen (bei uns noch nicht erhältlich).

Maistar und ***Maillon*** sind Auslesen aus der Schweiz, die bereits ab Mitte Mai Früchte tragen. Angenehm schmeckend; erinnern im Geschmack an Heidelbeeren.

In Amerika befinden sich weitere Selektionen im Handel, welche sich durch besonders große Früchte und guten Fruchtgeschmack auszeichnen: ***Berry Blue, Blue Bird, Blue Belle*** und ***Blue Velvet***.

Pflanzen aus dem Formenkreis *L. caerulea* var. *kamtschatica* und *L. turczaninowii* werden in Osteuropa züchterisch bearbeitet.

ROSEN, FRUCHTROSEN, VITAMINROSEN

Rosa sp. (*Rosaceae*, Rosengewächse)

Die Früchte von Wildrosen, insbesondere der Apfel- und der Kartoffelrose, wurden schon im vorigen Jahrhundert als „Obstsorten" kultiviert.

Pflanzenmerkmale und Verbreitung: Von den etwa 200 Wildrosenarten sind nur wenige für eine Fruchtverwertung geeignet. Vor allem in Europa heimische Arten oder Auslesen sollen hier vorgestellt werden. Die meisten dieser Rosen sind aufrecht bis überhängend wachsend, werden (1–) 2–3 m hoch und ebenso breit, ihre Triebe sind mehr oder minder stark bestachelt. Die wechselständig angeordneten Blätter sind gefiedert. Ihre 3–5 (–9) cm großen Schalenblüten stehen endständig an kurzen Seitentrieben und sind entweder einzeln, zu mehreren oder in Schirmrispen angeordnet, sie sind selbstfruchtbar, benötigen also keine Fremdbestäuber.

Eignung: Fruchtrosen eignen sich besonders gut für sonnige Hecken, Gruppen oder Böschungen. Sie benötigen unbedingt vollsonnige Standorte und ertragen keine Konkurrenz schattenwerfender Nachbarn. Wild- und Fruchtrosen lassen sich untereinander gut kombinieren. Es sind attraktive Blüten- und Fruchtschmucksträucher mit hohem Platzbedarf. Ökologisch wertvolle Gehölze, die Insekten, Vögeln und Kleinsäugern als Nähr- und Schutzgehölze dienen.

Frucht: Früchte sind Hagebutten, es handelt sich dabei um Scheinfrüchte, die von stark fleischigen, innen oft stark behaarten Kelchblättern umschlossen sind. Sie können von rundlicher, ovaler oder flaschenförmiger Gestalt und 2–4 cm lang sowie zumeist glänzend rot oder orangefarben sein. An Inhaltsstoffen ist insbesondere der hohe Vitamin C-Gehalt (bei Vitaminrosen bis zu 2000 mg / 100 g Fruchtschalen) hervorzuheben, daneben sind weitere Vitamine (B_1, B_2, Provitamin A), Mineralstoffe, Fruchtsäuren (Apfel- und Zitronensäure), Zucker sowie Pektin und Eiweiß enthalten. Auch die Samen, Blüten- und Laubblätter enthalten zahlreiche verwertbare Inhaltsstoffe (Ölrosen: z.B. ätherische Öle).

Verwertung: Die Früchte der Rosen lassen sich zu vielfältigen Produkten verarbeiten. Hagebutten in frischem Zustand eignen sich zur Bereitung von Mus, Marmelade, Saft,

Die Pillnitzer Vitaminrose ***Pi Ro 3*** *(Rosa dumalis x R. pendulina) entwickelt sich zu einem 3 m hohen und ebenso breiten Strauch*

Die großen saftigen Früchte der Kartoffelrose (Rosa rugosa) haben einen sehr hohen Fruchtfleischanteil

Die Kartoffelrose (Rosa rugosa), im Bild die niedrig wachsende Sorte ***Foxi****, ist eine attraktiver Blütenstrauch, der den ganzen Sommer hindurch immer wieder neue Blüten hervorbringt*

Most, Wein, Likör und als Desserts, sie lassen sich auch zu Soßen und Chutneys als Fleischbeilagen sowie zu Bonbon- und Gebäckfüllungen verwenden. Das saftige Fruchtfleisch der Apfelrose kann man auch roh essen. Getrocknete Früchte und Laubblätter dienen zur Teezubereitung. Aus Blütenblättern einiger Arten / Sorten werden auch Essenzen für die Kosmetik- und Konfitürenherstellung gewonnen.

Standortansprüche und Pflege: Rosen bevorzugen vollsonnige Standorte und – je nach Art – mittelschwere, leicht kalkhältige bis schwach saure Böden. Sie können vom Flachland bis in Höhenlagen von 2.000 m gedeihen. Schnittmaßnahmen sind an sich nicht notwendig; um einen möglichst hohen Fruchtertrag zu erhalten, sollten zur Erhöhung der Blühwilligkeit abgetragene Fruchtäste auf Neuaustriebe abgesetzt werden, ein Verjüngungsschnitt in mehrjährigem Turnus ist möglich.

Krankheiten und Schädlinge: Es bestehen teils Anfälligkeiten für den Echten und Falschen Rosenmehltau, Rosenrost, Sternrußtau, gelegentlich treten noch Knospenfäule, der Rosentriebbohrer und oftmals Rosenblattläuse auf. Auch ein Befall mit Gallmücken, Blattwespen und der Kleinen Rosenzikade kann vorkommen.

Vermehrung und Anzucht: Die Vermehrung der Wildrosen erfolgt durch Aussaat (Samen stratifizieren), Sorten müssen veredelt werden (üblicherweise durch Okulation [Augenveredlung] auf aufgeschulte Unterlagen im Sommer). Prinzipiell ist auch eine Vermehrung durch Grünstecklinge im Sommer, bei einigen Arten sogar durch Steckhölzer (im Frühjahr) möglich.

Sorten und Auslesen: Prinzipiell lassen sich die Früchte von vielen Arten verwerten, praktisch kommen insbesondere die im folgenden angeführten Wildarten und Auslesen in Betracht.

Hundsrose, Heckenrose (*Rosa canina*)
Ist von Europa über Nordafrika bis Westasien verbreitet, kommt in Höhenlagen bis 1.300 m vor. Die Hundsrose wird 2–3 m hoch, entwickelt bogig überhängende Triebe und besitzt gekrümmte Stacheln, sie breitet sich durch Wurzelausläufer aus. Die weißen bis blaßrosa Blüten stehen meist zu 1–3 zusammen, sind 4–5 cm breit, duften, sie öffnen sich im Juni / Juli. Die scharlachroten ovalen Hagebutten von 2–3 cm Länge reifen von August bis Oktober und schmecken süß-säuerlich. Wegen des hohen Vitamin C-Gehaltes (400–500 mg / 100 g Frischsubstanz) sind sie besonders wertvoll. Bienenweide und Vogelschutzgehölz. Pioniergehölz, wärmeliebend und frosthart.

Große schalenförmige rote Blüten und besonders große verwertbare Hagebutten weist die Sorte ***Kiese*** auf, sie ist auch sehr resistent gegenüber Pilz- und Rostkrankheiten.

Pillnitzer Vitaminrose PiRo3 (*Rosa dumalis* x *Rosa pendulina*)
Eine Hybride (Sangerhausen / Pillnitz), deren Eltern in Europa heimisch sind. Sie wird 2,5 m hoch und breit, ist locker aufgebaut, ihre Langtriebe sind fast unbestachelt. Im Juni entfalten sich ihre großen, zartrosa Blüten. Die Früchte sind etwa 3 cm lang und 1,5 cm dick, ziegelrot und leicht zu pflücken. Diese Sorte ist sehr reichtragend, die Früchte reifen gleichmäßig und werden schnell weich. Sie eignen sich sehr gut zur Verwertung.

Kartoffelrose oder Apfelrose (*Rosa rugosa*)
Stammt aus Nordwest- und Ostasien, wurde aber bereits um 1854 nach Europa eingeführt und ist hier stellenweise eingebürgert und verwildert. Sie ist sehr frosthart, außerordentlich anpassungsfähig, robust und wenig anfällig für Krankheiten, wächst auch auf sandigen und salzbelasteten Böden, verträgt allerdings keinen Kalk bzw. keine hohen pH-Werte (Kalk-Chlorose). Die Kartoffelrose ist ein straff aufrecht wachsender, stark ausläufertreibender Strauch von 1–2 m Wuchshöhe, dessen dicke Triebe dicht borstig bestachelt sind. Die gefiederten Blätter sind derb, glänzend und dunkelgrün gefärbt. Die duftenden, 6–9 cm breiten Blüten sind in kleinen, mehrblütigen Dolden angeordnet und öffnen sich von Mai bis Oktober, ihre Blütenfarbe variiert von Weiß über Rosa bis Karminrot. Daraus entwickeln sich von August bis Oktober nach und nach bis 2,5 cm große, flachkugelige, scharlachrote, fleischige Hagebutten mit bleibenden Kelchblättern. Die Hagebutten dieser Rose sind wegen des hohen Pektingehaltes gut im Haushalt verwertbar. Ist als Hecken- und Gruppenstrauch gut geeignet, bildet wegen der starken Ausläuferbildung mit der Zeit allerdings Dickichte. Zahlreiche Zierformen, aber auch Selektionen, speziell für die Fruchtnutzung gezüchtete Sorten (***Besshipnyj***, ***Nektar***)

Apfelrose (*Rosa villosa*, Syn.: *R. pomifera*)
Kommt von Europa bis zum Kaukasus vor, tritt dabei vorwiegend in Gebirgsgegenden auf. Die Apfelrose ist ein dicht verzweigter, leicht ausläufertreibender, etwa 1–2 (–3) m hoher Strauch, dessen Triebe mit dünnen, geraden Stacheln und Borsten besetzt sind. Die zartrosa, bis 3–5 (–7) cm großen Blüten stehen einzeln oder zu 2–3 zusammen und erscheinen im Juni / Juli. Recht auffällig sind die rundlich-ovalen, 2–3 cm dicken, ziegelrot gefärbten Früchte, weil sie borstig behaart und die Kelchblätter bleibend sind. Sie reifen ab August, im Gegensatz zu vielen anderen Arten einheitlich. Eine wirtschaftlich sehr wertvolle Rose (hoher Vitamin C-Gehalt), eine maschinelle Ernte ist möglich, die Apfelrose dient am natürlichen Standort als frosthartes Pioniergehölz.

Die Apfelrose (Rosa pomifera) ist leicht an den zart bestachelten Früchten zu erkennen

Eine Vitamin C-reiche Sorte ist ***Karpatia*** (Selektion des Institutes für Obstzüchtung in Bojnice, Slowakische Republik).

Die Früchte von folgenden heimischen Rosenarten können ebenfalls verwertet werden: **Essigrose** (*Rosa gallica*): Aus Blütenblättern werden in Bulgarien und Südfrankreich Konfitüren hergestellt; **Rotblättrige Rose** oder **Hechtrose** (*Rosa glauca*); **Gebirgs-** oder **Alpenrose** (*Rosa pendulina*).

SCHEINQUITTE, ZIERQUITTE

Chaenomeles japonica (*Rosaceae*, Rosengewächse)
Weitere Namen: Japanische Scheinquitte, Wilde Quitte, Busch-Quitte

Pflanzenmerkmale und Verbreitung: Die Schein- oder Zierquitte stammt aus Ostchina und Japan, sie wird seit etwa 1880 in Europa kultiviert. Es handelt sich hier um einen kleinen, etwa 1m hohen und ebenso breiten Strauch mit sparrigem Wuchs und dornigen Trieben. Der sommergrüne Strauch besitzt wechselständige, breit-eiförmige und bis 5 cm lange, gestielte Blätter, deren nierenförmige Nebenblätter auffällig stengelumfassend sind. Blütenknospen werden vor-

Die Japanische Zierquitte (Chaenomeles japonica), hier die Sorte ***Cido****, ist ein attraktiv blühender Kleinstrauch für den Garten*

wiegend an Kurztrieben des Altholzes gebildet, die Blüten selbst stehen meist zu 2–4 zusammen, sind von ziegelroter Farbe und erscheinen knapp vor oder mit den Blättern im März / April. Sie sind selbstfruchtbar, etwa 3–4 cm groß und sehr attraktiv.

Frucht: Apfel-, birnen- oder walzenförmige Scheinfrüchte, die gelb, gelbgrün oder gelbrot gefärbt sein können. Die Oberfläche der Früchte ist deutlich gefurcht oder gerippt, jedoch glattschalig und im reifen Zustand fettig, sehr aromatisch duftend. Die etwa 4 cm und größer werdenden Früchte erreichen ein Fruchtgewicht von 30–65 g, sind festfleischig, stark aromatisch und sauer (Säuregehalt um 5–7 %). An Inhaltsstoffen sind der hohe Vitamin C-Gehalt (70–120 mg / 100 g), reichlich Pektin (1,3–2,8 %) sowie ein Zuckergehalt bis 2 % und Aromastoffe erwähnenswert. Der Fruchtertrag

Die zahlreich entwickelten Früchte der Japanischen Zier- oder Scheinquitte (Chaenomeles japonica, ***Cido****) enthalten viel Vitamin C und sind besonders zur Verarbeitung geeignet*

liegt bei etwa 1–3 (–5) kg pro Strauch, teilweise können sogar höhere Erträge erzielt werden, es werden jedoch viele Samen (bis 10 % der Fruchtmasse) gebildet.

Eignung: Zier- oder Scheinquitten sind sehr dankbare, attraktive Blütensträucher für den Hausgarten mit langer Blütezeit, wobei sowohl schwachwüchsige (*C. japonica*) und starkwüchsige (*C. speciosa*, *C.* x *superba*) Sorten zur Verfügung stehen. Abgesehen von stark kalkhältigen Böden sind sie anpassungsfähig, auch in kälteren Regionen ausreichend winterhart und wegen der Früchte als Wildobst interessant. Auch ökologisch sind sie wertvoll, da sie gerne von Insekten besucht werden und ein gutes Schutz- und Nährgehölz für Vögel und Kleinsäuger darstellen.

Verwertung: Die Früchte der Scheinquitte reifen ab September, sie sind nicht für den Rohverzehr, sondern ausschließlich zur Verarbeitung geeignet. Man sollte sie vor der Verarbeitung kurzzeitig blanchieren, dadurch wird ein intensiverer Geschmack der Verarbeitungsprodukte erzielt. Die Früchte selbst – bzw. deren Saft – werden in der Regel in Mischung mit säurearmen Fruchtarten wie Apfel, Birne, Schwarzer Holunder, aber auch Kürbis, Melone und Quitte verwendet. Weiters werden die Früchte zu Gelee, Marmelade, Obstpasteten und Quittenbrot verarbeitet, auch kandierte Früchte, Süßmost, Likör und Wein kann man daraus bereiten. Der hocharomatische Saft eignet sich auch zum Ansäuern von Fruchtsalaten. In den Heimatländern finden die Früchte auch in der Parfümherstellung Verwendung. Erwähnenswert ist die Tatsache, daß die Früchte bei 2,5 °C bis 4 Monate haltbar sind, die Ernte sollte jedoch vor Frosteintritt abgeschlossen sein.

In Lettland wird die Scheinquitte in großen Mengen (auf mehr als 100 ha Fläche) angebaut und industriell verwertet, sie dient dort als Ersatz für die Echte Quitte, da diese hier nicht mehr ausreichend winterhart ist.

Standortansprüche und Pflege: Die Scheinquitte bevorzugt nährstoffreiche, mittelschwere bis lehmige Böden bei leicht sauren bis neutralen pH-Werten; bei hohen Kalkgehalten im Boden neigt sie leicht zu Chlorose. Der Standort sollte sonnig bis leicht schattig sein. Sie ist gegen Industrieabgase und Herbizide empfindlich. Schnittmaßnahmen sind nicht unbedingt erforderlich, ein Auslichten (5jährige und ältere Triebe nach der Blüte entfernen) in mehrjährigem Turnus ist jedoch vorteilhaft, da dadurch die nötige Auflockerung der Sträucher gewährleistet ist. Langjährige Beobachtungen zeigten, daß die Pflanzen an den dreijährigen Trieben besonders reich fruchten.

Krankheiten und Schädlinge: Gelegentlich kann Monilia-Fäule (an Früchten oder Zweigen) auftreten, befallene Pflanzenteile sind sorgfältig zu entsorgen.

Vermehrung und Anzucht: Die Art läßt sich problemlos durch Samen vermehren (stratifizieren). Man kann auch Wurzelschnittlinge oder Abrisse von angehäufelten

Pflanzen machen bzw. diese Pflanzen teilen. Früher wurden Sorten durch Winterhandveredlung auf eigene Sämlinge oder auf die Quitte veredelt (Chlorose-Problem, Durchtrieb der Unterlage), heute werden diese vorwiegend durch Grünstecklinge vermehrt. *Chaenomeles*, vor allem flachwachsende Sorten, werden auch auf Birnensämling veredelt und ergeben damit kleine Bäumchen (Höhe 0,6–0,8 m).

Sorten und Auslesen

Cido: Die „Cido-Buschquitte", eine in Lettland selektierte Form, ist zur Zeit die bekannteste zur Fruchtnutzung angebotene Sorte. Es handelt sich hierbei um dornenlose Kulturformen der Japanischen Quitte (*C. japonica*), sie wird aufgrund des hohen Säure- und Vitamin C-Gehaltes auch als „Nordische Zitrone" bezeichnet. Soll selbstunfruchtbar sein (?). Jungpflanzen werden gerne von Kaninchen verbissen, ansonsten sind diese Selektionen gesund und frei von Schädlingen. Fruchtsaftausbeute bis 60 % der Gesamtmasse, Säuren bis 7,2 %, Vitamin C bis 145 mg / 100 g, hoher Mineralstoff- und Phosphorsäuregehalt.

Weitere Arten

Chinesische Scheinquitte (*Chaenomeles speciosa*, Syn.: *C. lagenaria*)
Stammt aus China und wurde 1796 nach Europa eingeführt, unterscheidet sich von *C. japonica* durch stärkeren Wuchs (bis 3 m), rosa bis dunkelrote Blüten mit 3–5 cm Durchmesser und gelblichgrüne, manchmal etwas gerötete längliche, glatte Früchte. Die Früchte sind eßbar.

Scheinquitten-Hybriden (*Chaenomeles* x *superba*)
Unter diesem Artnamen werden die meisten Sorten zusammengefaßt, die aus *C. japonica* x *C. speciosa* entstanden sind. Entstehung etwa um 1900, zur Zeit sind mehr als

Zierqitte vor dem Schnitt

Zierquitte nach dem Schnitt, zu dicht stehende Triebe wurden bodennah entfernt

100 Sorten mit weißen, rosa und scharlach- bis feuerroten Blüten im Handel, sie werden je nach Sorte etwa 1,5–2 m hoch. Prinzipiell können die Früchte aller Sorten verwendet werden, wenn auch Unterschiede im Geschmack feststellbar sind. Hier eine kleine Auswahl der in Baumschulen erhältlichen Sorten, die sich für eine Fruchtnutzung eignen: ***Carl Ramcke*** mit zinnoberroter Blüte, bis 1,5 m; ***Crimson and Gold***, dunkelrot, bis 1 m; ***Ernst Finken***, feuerrot, 1–2 m; ***Fire Dance***, intensivrot, bis 1 m; ***Pink Lady***, dunkelrosa, bis 1 m; ***Umbilicata***, kirschrosa, 1–2 m; ***Nivalis***, weiß, 1–2 m; ***Fusion***, scharlachrot, etc.

SCHLEHDORN

Prunus spinosa (*Rosaceae*, Rosengewächse)
Weitere Namen: Schlehe, Schwarzdorn, Hagdorn, Haagpflaume, Dornschlehe, Bockbeeri

Pflanzenmerkmale und Verbreitung: Der Schlehdorn kommt von Europa bis Westasien vor und ist in Nordwestafrika eingebürgert. In den Alpen findet er sich an sonnigen Waldrändern noch bis in 1.600 m Höhe. Als Sonne und Licht liebendes Gehölz kommen Schlehdornsträucher in Hecken und Gebüschen, an Waldrändern, auf Kahlschlägen, Halden, Fels- und Schutthängen, Böschungen, Weinbergen und aufgelassenen Steinbrüchen etc. vor. Es sind 1–3 (–5) m hohe, sommergrüne, sparrig verzweigte, dornige Sträucher mit starker Wurzelausläuferbildung und Dickichte bildend. Die 3–4 cm kleinen Blätter sind stumpfgrün. Der Schlehdorn blüht bereits sehr zeitig im Frühjahr, im März / April, in der Regel vor dem Laubaustrieb. Seine weißen Blüten sind etwa 1–1,5 cm groß, meist einzeln, kurz gestielt und erscheinen in großer Anzahl entlang der Triebe.

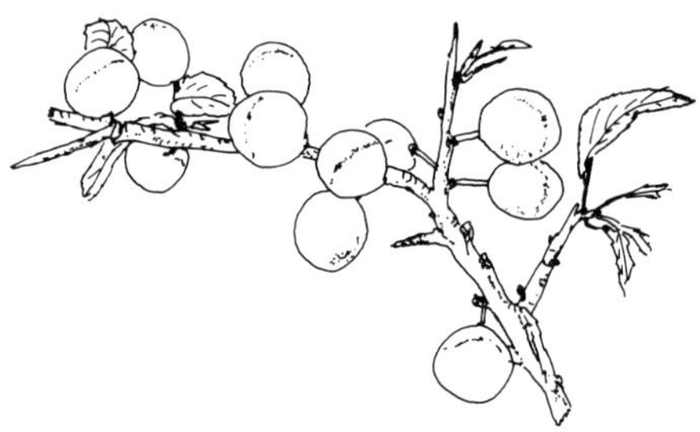

Eignung: Der Schlehdorn eignet sich im Hausgarten wegen seines unbändigen Ausbreitungsdranges nur zur Begrünung von sonnigen Böschungen oder in freiwachsenden Hecken mit viel Platzangebot. Er ist ökologisch sehr wertvoll und dient als Vogelschutzgehölz.

Frucht: Kugelige bis eiförmige, bis 1,5 cm große, schwärzlich und blau bereifte Steinfrüchte, das Fruchtfleisch ist schlecht steinlösend, Reife ab Ende September bis Ok-

Die schwarzen, blau bereiften Früchte des Schlehdorns (Prunus spinosa) sitzen an kurzen Stielen an den Zweigen

tober / November, die Früchte verbleiben oft bis in den Winter hinein am Strauch, sie schmecken adstringierend und werden erst nach Frosteinwirkung eßbar, schmecken dann süß-säuerlich. Sie enthalten Fruchtsäuren (0,4–0,5 %), Pektin und Gerbstoffe (adstringierender Geschmack), Farbstoffe und Zucker (bis 10,7 %) sowie Mineralstoffe, auch Vitamin C (etwa 50 mg / 100 g) sowie die Vitamine B_1 und B_2 und Carotine sind enthalten. Auf sonnigen Standorten können Erträge bis zu 30 kg pro Strauch erreicht werden.

Man vermutet, daß die Zwetschken, Pflaumen, Mirabellen und Reineclauden vor langer Zeit aus einer Kreuzung zwischen der Schlehe und der Kirschpflaume entstanden sind.

Verwertung: Auch wenn der herb-saure und adstringierend wirkende Geschmack der Früchte nach Frosteinwirkung gemildert wird und diese dann süß-säuerlich schmecken, sind sie für den Rohverzehr nicht unbedingt geeignet. Sie können aber anderen säurearmen Obstarten als Mischfrucht beigemengt werden und zu Mehrfruchtmarmelade, -gelee, -sirup und -säften verarbeitet werden. Besonders vorzüglich schmecken aber Schlehengeist, Schlehenlikör, Schlehenwein und Schlehensüßmost. Eingelegt in Essig-Zuckerwasser, dienen sie als Beilage zu Rindfleisch. Die Früchte wurden bereits zur Pfahlbauzeit in Mitteleuropa verwertet.

Standortansprüche und Pflege: Wächst auf allen Standorten, von trocken-mageren bis frisch-nährstoffreichen Böden, auf steinigen bis lehmigen, kalkhältigen (kalkliebend!) bis mäßig sauren Böden; sehr frosthart. Wegen der zeitigen Blüte etwas spätfrostgefährdet. Schnittmaßnahmen sind nicht notwendig.

Schlehdorn-Sträucher (Prunus spinosa) am Naturstandort, sie bilden hier meist dichte Bestände in sonnigen Hecken sowie an Waldrändern

Krankheiten und Schädlinge: Auftreten der Pflaumengespinstmotte, auch Infektionen mit dem Scharka-Virus sind möglich, daher nicht in der Nähe von Obstbaugebieten pflanzen.

Vermehrung und Anzucht: Vermehrung durch Aussaat (Samen vor Vollreife ernten, stratifizieren), Auslesen und Zierformen durch Veredlung auf Pflaumenunterlagen.

Sorten und Auslesen: Die Fruchtgröße und -form bei Schlehen kann sehr stark variieren. Es gibt zwar großfrüchtige Auslesen (***Wienerwald***, Früchte deutlich größer als jene der Wildform, wird etwa 2 m hoch, Baumschule Praskac, Tulln) und solche mit geringem Gerbstoffgehalt (welche mitunter sehr großfrüchtig sind, den Früchten fehlt jedoch der typische adstringierende Geschmack – wahrscheinlich handelt es sich hier um Hybriden mit Zwetschken), doch werden diese zur Zeit noch nicht oder nur selten angeboten (Auslesen in Süddeutschland und Österreich).

Gemeiner Wacholder

Juniperus communis (*Cupressaceae*, Zypressengewächse)
Weitere Namen: Kranewittbeere, Kranabet, Krammet, Kronawetta, Kramabir, Krapei, Kranawecke, Khramatposchen, Kranichbeer, Machandel

Pflanzenmerkmale und Verbreitung: Der Wacholder hat ein sehr weites Verbreitungsgebiet, es reicht von Europa über Asien bis nach Nordafrika und Nordamerika. Er wächst vorwiegend in lichten Kiefernwäldern, auf Heiden, Magerweiden und in Mooren sowie als Zwergstrauch im Hochgebirge (in den Alpen bis in 3.700 m Höhe).

Der Gemeine Wacholder ist ein dichttriebiger, immergrüner Strauch von 2–6 (–10) m Höhe, oft dominieren Säulenformen, es kommen aber auch breitbuschige Wuchsformen vor. Das langsamwüchsige Gehölz kann bis 500 Jahre alt werden. Die spitzen, nadelförmigen Blätter werden etwa 10–20 mm lang, auffällig ist der weiße Streifen auf der Nadeloberseite. Die Pflanzen sind zweihäusig, sie blühen unscheinbar im April / Mai.

Eignung: Sind als Solitär- und Gruppensträucher im Hausgarten in Verwendung. Wacholder benötigen vollsonnige Standorte, die durchaus auch steinig oder sandig und trocken sein können. Erträgt dabei trockene Sommer wie auch kalte Winter recht gut. Die zahlreichen Gartensorten werden je nach Wuchscharakter für Heidegärten, Steingärten, sonnige Vorgärten oder Gartenanlagen verwendet. Nicht mit schattenwerfenden Gehölzen kombinieren!

Frucht: Die 4–9 mm großen kugeligen Früchte des Wacholders (Kranewittbeeren) sind eigentlich Scheinbeeren (botanisch richtig: Beerenzapfen). Sie reifen Ende September bis Anfang Dezember, wobei sich die zunächst grünen Beeren später schwarzbraun verfärben und eine bläuliche Bereifung aufweisen. Voll ausgereift, besitzen sie ein trockenes, harzreiches und aromatisch-süßliches Fruchtfleisch.

Die Früchte enthalten neben Zucker und Ölen (unter anderem auch ätherische Öle) das Gerbstoffglycosid Juniperin, Mineralstoffe, Eiweiß, Pektin und Vitamin C.

Verwertung: Für den Rohgenuß geeignet, und zwar als appetitanregendes Mittel (täglich 5–10 getrocknete Früchte vor den Mahlzeiten), Tee (ein Eßlöffel zerdrückter Beeren pro Tasse). Die Früchte werden auch als Gewürzbeilage zu Soßen, Braten, Fisch, Sauerkaut, Geflügel und Suppen in geringen bis mäßigen Mengen verwendet. Möglich ist auch die Herstellung von Sirup, Gelees und Marmeladen. Hauptsächlich werden aus den Beeren jedoch alkoholische Getränke wie Genever, Gin, Wacholderschnaps oder Wein bereitet. Der Wacholderspiritus dient zum Einreiben bei Gelenkerkrankungen, Gicht und Ischias. Aus dem Holz gewonnenes Wacholderöl wird äußerlich bei Hauterkrankungen angewendet. Wacholderschinken wird mit Holz und Nadeln dieser Pflanze geräuchert.

In früheren Zeiten war das Harz des Wacholderstrauches als unechter Weihrauch unter der Bezeichnung „deutscher Sandarak" im Handel. Die Germanen verwendeten Wacholderreisig bei der Brandbestattung ihrer Toten.

Standortansprüche und Pflege: Der Gemeine Wacholder stellt keine speziellen Ansprüche, der Boden sollte durchlässig, sandig bis schottrig, der Standort möglichst hell und sonnig sein.

Schnittmaßnahmen sind nicht notwendig.

Krankheiten und Schädlinge: Kaum auftretend, verwandte Arten (*J. sabina, J. chinensis* und *J. virginiana*) sind Zwischenwirte für Rostpilze, z. B. für den Birnengitterrost.

Vermehrung und Anzucht: Wacholder läßt sich durch Samen vermehren, sie keimen jedoch erst im zweiten Jahr nach der Ernte; will man die Keimung der Samen im folgenden Frühjahr erreichen, so muß man die Beerenzapfen bereits vor der Vollreife (ab August bis November) ernten. Man kann aber auch Absenker zur Bewurzelung bringen, Stecklinge werden im Spätsommer und Herbst (eventuell auch im Frühjahr) gesteckt. Veredlungen werden nur bei Sorten des Wacholders gelegentlich durchgeführt. Erwähnenswert ist auch noch, daß die Beerenzapfen der Zierformen von *J. communis* zwar genauso verwendet werden können, diese jedoch zumeist kaum oder nur schlecht Beerenzapfen ansetzen.

Die getrockneten Früchte (Beerenzapfen) des Gemeinen Wacholders (Juniperus communis) sind begehrte Küchengewürze

Sorten und Auslesen: Es gibt zahlreiche Unterarten, aber auch Zierformen, reichfruchtende Selektionen sind jedoch nicht bekannt. Beeren werden meist am Naturstandort gesammelt, nur bei trockenem Wetter sammeln, nachtrocken (nicht in der Sonne!).

Die Säulenform (im Bild die Sorte ***Hibernica****) des Gemeinen Wacholders (Juniperus communis) zählt zu den beliebten Gartengehölzen*

Wichtiger Hinweis: Von der zweiten heimischen Wacholderart, dem Sadebaum (*Juniperus sabina*), sind alle Pflanzenteile giftig und dürfen keinesfalls als Wildobst genutzt werden!

KLEIN- UND ZWERGSTRÄUCHER

Die meisten Vertreter aus dieser Größenkategorie zählen zu den Erika-Gewächsen und benötigen saure Böden. Sie werden in größeren Gruppen oder flächig als Unterpflanzung im Moorbeet, zur Bepflanzung von Trögen oder als Unterpflanzung in großen Pflanzkübeln verwendet. Mahonien gedeihen noch im schattigen Bereich unter größeren Bäumen, während die Walderdbeere am Gehölzrand oder entlang von Wegen im Garten verwildern kann.

MAHONIE

Mahonia aquifolium (*Berberidaceae*, Berberitzengewächse)

Pflanzenmerkmale und Verbreitung: Die Mahonie ist im westlichen Nordamerika beheimatet und wächst dort im Unterholz der Wälder auf feuchten, nährstoffreichen Böden. Sie ist in Europa teilweise verwildert. Dieser immergrüne Strauch kann etwa

Die Blütenstände der Mahonie (Mahonia aquifolium) fallen durch ihre leuchtendgelbe Farbe auf

Fruchtender Zweig der Mahonie (Mahonia aquifolium)

1,5 m hoch werden, bildet wenige Ausläufer und hat wechselständige, unpaarig gefiederte, oberseits glänzende Blätter mit buchtig-dornig gezähnten Blatträndern. Im Herbst bzw. durch die Wintersonne können sich die Blätter purpurn bis violettbraun verfärben. Die duftenden Blüten, es sind kleine goldgelbe Blüten in vielblütigen Trauben, öffnen sich im April / Mai. Gute Bienenweide und Vogelnährgehölz.

Eignung: Die Mahonie ist ein robustes Zier- und Fruchtgehölz für den Garten, mit vielen Verwendungsmöglichkeiten. Besonders zur Unterpflanzung von schattigen Baumpartien, für Einfassungen und Hecken, aber auch für Kübel, Tröge und Dachgärten eignet sie sich sehr gut. Es werden sowohl schattige als auch sonnige Standorte vertragen, die Pflanze ist anpassungsfähig an den Boden und stadtklimafest.

Frucht: Bis etwa 1 cm dicke, kugelige bis ovale schwarze Beeren mit hellblauer Bereifung. Fruchtfleisch mit stark färbendem, dunkelpurpurnem Saft. Ab August reifen die Beeren, sie bleiben jedoch oft bis in den Winter hinein an den Pflanzen.

An Inhaltsstoffen in den Früchten sind vor allem Zucker (9,8 g / 100 ml), Fruchtsäuren (48,7 g / l), Vitamin C und andere Vitamine sowie Mineralstoffe zu nennen. Rinde und Wurzeln enthalten die schwach giftigen Alkaloide Berberin (gelber Farbstoff), Oxyberin und Bervulcin.

Verwertung: Die Beeren sind zwar nicht giftig, aber der Verzehr größerer Mengen roher Beeren kann zu Magenverstimmung führen. Bei der Verwertung sollte man die Samen entfernen (passieren). Die Verwendung besteht vorwiegend in der Mischung mit anderen, säurearmen Fruchtarten und als Farbkomponente, wobei vor allem Gelees, Süßmost, Kompotte sowie Weine und Liköre daraus bereitet werden können. (In Amerika wird auch heute noch daraus Wein bereitet.) Andere Gerichte wie Topfen- (Quark-) Speisen sowie Joghurt erhalten durch die Beimengung von Mahoniensaft geschmacklich eine besondere Note.

Standortansprüche und Pflege: Am besten wachsen Mahonien auf nährstoffreichen, mittelschweren Böden mit ausreichender Bodenfeuchte; Trockenheit und hoher Kalkgehalt sind ungünstig. Der Standort kann vollsonnig bis halbschattig sein, die Pflanzen sollten jedoch im Winter nicht intensiver Sonneneinstrahlung und sehr strengen Frösten ausgesetzt sein. Sie regenerieren sich nach dem Rückschnitt oder nach Frostschäden jedoch recht gut.

Krankheiten und Schädlinge: Gelegentlich kann Mehltau auftreten, bei manchen Sorten auch Rost.

Vermehrung und Anzucht: Vermehrung durch Samen, Sorten werden durch Stecklinge vermehrt.

Sorten und Auslesen: Die folgenden drei Sorten, welche reich fruchten und gute Verarbeitungseigenschaften (dunkelroter Saft mit zitronenähnlichem Geschmack) aufweisen, wurden von der Baumschule Berlin-Baumschulenweg ausgelesen.

Jupiter: Breit-aufrechter Wuchs bis 1,5 m, keine Ausläufer, Blüte hellgelb in aufrechten Blütenständen an den Triebspitzen und zum Teil einzeln entlang der Triebe, Früchte elliptisch bis eiförmig; die Sorte ist etwas mehltauanfällig.

Mirena: Straff-aufrechter Wuchs bis 1,3 m, dichttriebig, keine Ausläufer, Blätter stark dornig gezähnt, rötliche Herbstfärbung. Blüte schwefelgelb, in dichten rundlichen Blütenständen an den Triebenden und entlang der Triebe, Früchte eiförmig. Sehr ertragreiche Sorte, die sich als widerstandsfähig gegenüber Mehltau und Rost erwiesen hat.

Pamina: Ist aus einer Kreuzung von *M. aquifolium* x *Mahonia repens* hervorgegangen. Wuchs breit, bis 0,8 m hoch, mit Ausläuferbildung. Blüten kräftiggelb, in langen, gehäuft stehenden Trauben, blüht reich und früh; Früchte rundlich, mattblau bereift. Diese Sorte zeichnet sich durch gute Winterhärte und hohe Resistenz gegen Mehltau aus.

Es gibt natürlich noch weitere Sorten, die vor allem als Ziersträucher Verwendung finden, diese wurden jedoch noch nicht auf eine mögliche Eignung für die Fruchtverwertung untersucht.

HEIDELBEERE

Vaccinium myrtillus (*Ericaceae*, Heidekrautgewächse)
Weitere Namen: Schwarzbeere, Blaubeere, Druidenbeere, Waldbeere

Pflanzenmerkmale und Verbreitung: Die Herkunftsgebiete der Heidelbeere sind Europa (in den Alpen bis 2.500 m Höhe), der Kaukasus, Nordasien (bis Mittelsibirien) und das nordwestliche Nordamerika. Sie wächst oft in großen Beständen in lichten Laub- und Nadelwäldern auf sauren Böden, in Heidemooren und Zwergstrauchheiden. Die sommergrünen Halbsträucher werden etwa 20–50 cm hoch, sind stark verzweigt und weisen eine intensivrote Herbstfärbung auf. Der Zwergstrauch ist stark ausläufertreibend, die jungen Triebe sind grün, kantig und tragen elliptische bis zugespitzt eiförmige, 1–2,5 cm lange Blätter. Die eher unscheinbaren, grünlichen Blüten sind rötlich überlaufen und entwickeln sich einzeln auf kurzen, nickenden Stielchen in den Blattachseln im Mai / Juni.

Fruchtender Heidelbeerstrauch (Vaccinium myrtillus), am Naturstandort aufgenommen

Eignung: Benötigt wie die Preiselbeere saure, mäßig humose Böden. Kann zur Unterpflanzung im Moorbeet, für Heidegärten und in Pflanztrögen verwendet werden. Wichtig für zahlreiche Vögel, Säugetiere und Insekten als Futterpflanze.

Frucht: Die Heidelbeere ist eine kugelige, tiefblau bereifte, vielsamige, 5–8 (–10) mm große Beere, die im Juli / August reift und einen stark färbenden Saft enthält. An Inhaltsstoffen sind organische Säuren, Vitamin C, Gerbstoffe, Pektin, Vitamin A, Vitamin B, Mineralstoffe und Zucker zu nennen.

Verwertung: Heidelbeeren stellen ein hochwertiges Wildobst dar. Die Früchte werden nicht nur roh verzehrt, sie lassen sich zu Saft, Marmelade, Kompott, Wein, Likör und Branntwein verarbeiten. Schmecken auch in Kombination mit Milchprodukten, Mehlspeisen (Strudel, Kuchen) und Eis hervorragend, weiters sind sie als natürliches Färbemittel (Wein) besonders geeignet. Die Früchte lassen sich gut tieffrieren und trocknen. Schätzungsweise 5.000–10.000 Tonnen Heidelbeerfrüchte werden allein in Deutschland geerntet!

Der hohe Gerbstoffgehalt und das Pektin brachten der Heidelbeere einen guten Ruf als Volksheilmittel bei Durchfallerkrankungen ein. Aus getrockneten Beeren und Blättern bereitete man Tee.

Standortansprüche und Pflege: Benötigt ähnlich der Preiselbeere einen sauren, leicht humosen Standort. Aufbringen von Torf bzw. gut verrottetem Rindenkompost als Bodenverbesserung bzw. Bodenvorbereitung. Bei stark kalkhältigem Mutterboden tritt alsbald Eisen-Chlorose auf. Mulchen mit verrottetem Nadelstreu.

Krankheiten und Schädlinge: Gelegentlich Blattläuse, Gallmilben und Gallmücken, selten Pilzbefall.

Vermehrung und Anzucht: Teilung der Mutterpflanzen, Stecklinge.

Sorten und Auslesen: Von der heimischen Heidelbeere sind keine Sorten bekannt.

KULTURHEIDELBEERE

Vaccinium corymbosum (*Ericaceae*, Heidekrautgewächse)
Weitere Namen: Gartenheidelbeere, Amerikanische Heidelbeere, Blaubeere

Pflanzenmerkmale und Verbreitung: Kommt natürlich als Wildform im östlichen Nordamerika vor, sie wächst dort auf sauren Böden in Sümpfen, Mooren und Wäldern. Der Strauch kann im Gegensatz zur heimischen Heidelbeere über 2 m hoch und bis 70 Jahre alt werden. Sie entwickelt sich zu einem straff aufrechten, dicht verzweigten Strauch mit zahlreichen Basistrieben, im Alter wird die Pflanze breitbuschig. Ihre wechselständigen, eiförmigen bis lanzettlichen Blätter sind sommergrün und weisen im Herbst eine gelbe bis leuchtend orangerote Färbung auf. Das feine, flache Wurzelsystem ist kaum 40 cm tief reichend und ebenfalls mit Mycorrhiza-Pilzen vergesellschaftet. Etwa ab Ende Mai entwickeln sich an kurzen diesjährigen Trieben die weißen bis leicht gelblichen, krugförmigen Blüten, sie sind in kleinen Trauben angeordnet und werden vorwiegend von Insekten, insbesondere von Hummeln, bestäubt.

Die Füchte der amerikanischen Kulturheidelbeere (Vaccinium corymbosum) sind gute Naschfrüchte und hervorragend zur Verarbeitung geeignet

Eignung: Diese Fruchtsträucher lassen sich am Rande von größeren Gehölzpflanzungen in kleinen Gruppen verwenden, in Heidegärten als Einzelsträucher gemeinsam mit anderen schwachwüchsigen Kleinsträuchern und Rhododendren. Man kann sie auch mit Waldheidelbeeren, Preiselbeeren oder Moosbeeren kombinieren, indem man diese als Unterpflanzung für die Kulturheidelbeeren verwendet. Die Kulturheidelbeere ist gut frosthart und deshalb auch in kühleren Regionen gut verwendbar.

Frucht: Hell bereifte, weißfleischige Beeren, die bis zu 2 cm Durchmesser (Sorten) erreichen können; im Gegensatz zur heimischen Heidelbeere besitzen die Kulturheidelbeeren keinen färbenden Saft! Die Beeren reifen unregelmäßig, je nach Sorte, von Anfang Juli bis Ende September. Ihr Geschmack ist süß und angenehm.

Verwertung: Vor allem für den Rohverzehr geeignet, jedoch ähnlich der Waldheidelbeere verwertbar. Allein 100.000 Tonnen werden jährlich in Amerika geerntet, daneben gibt es auch größere Anbauflächen in Europa.

Standortansprüche und Pflege: Sehr gut winterhart, benötigt jedoch eine etwa 30 cm tief reichende Bodenverbesserung mit ungedüngtem Rohtorf oder gut verrottetem Rindenkompost; der Boden darf weder Staunässe noch Trockenheit aufweisen. Ein vollsonniger Standort ist für gute Blütenbildung, Ausreife und Geschmack der Beeren notwendig. Abdeckung des Wurzelbereiches mit Rindenmulch oder ähnlichem.

Ein Schnitt während der Winterruhe ist anzuraten, abgestorbene und beschädigte Triebe müssen entfernt werden. Die Blütenbildung erfolgt am einjährigen Holz, deshalb sollte man darauf achten, daß immer genügend junge Triebe vorhanden sind, die älteren, etwa 3jährigen Triebe entfernt man bodennah, eine Verjüngung erfolgt durch Neutriebe aus dem Wurzelstock.

Krankheiten und Schädlinge: Vor allem beim Anbau in Plantagen können Krankheiten wie die Anthraknose-Fruchtfäule, Grauschimmel, Godronia-Triebsterben, Rostpilze und die Ringfleckenkrankheit auftreten, allerdings sind diese Krankheiten bei uns unbedeutend. An tierischen Schädlingen sind Blattläuse und Thrips zu nennen, Vögel können die Früchte oft schon im unreifen Zustand fressen, Rehe und Hasen richten unter Umständen an jungen Trieben größere Schäden an.

Vermehrung und Anzucht: Kann durch Grünstecklinge und Steckholz erfolgen. Im Hausgarten wird man die Kulturheidelbeeren am einfachsten durch Absenker vermehren. Bei Neuzüchtungen hat auch die Meristemvermehrung eine Bedeutung.

Sorten und Auslesen: Kulturheidelbeeren wurden aus der in Amerika heimischen *Vaccinium corymbosum* und verwandten Arten gezüchtet. Es gibt zahlreiche früh bis sehr spät reifende Sorten, die in der aktuellen Beerenobstliteratur beschrieben beziehungsweise in aktuellen Baumschulkatalogen (mit Kurzbeschreibungen) angeboten werden. Einige Sorten mit gutem Geschmack: früh reifend ***Reka***, ***Duke*** und ***Spartan***; mittelfrüh reifend: ***Bluecrop*** und ***Toro***; spät bis sehr spät reifend: ***Coville*** und ***Darrow***.

PREISELBEERE

Vaccinium vitis-idae (*Ericaceae*, Heidekrautgewächse)
Weitere Namen: Kronsbeere, Kranichbeere, Fuchsbeere, Steinbeere, Grantlbeere, Rote Heidelbeere

Pflanzenmerkmale und Verbreitung: Die natürlichen Vorkommen der Preiselbeere erstrecken sich von Europa über Sibirien bis nach Asien (Japan) und westlich bis Nordamerika. In Europa wächst sie insbesondere in Skandinavien, auch in Deutschland, Österreich (in den Alpen bis in 2.500 m Höhe), Polen und auf den Britischen Inseln, im Kaukasus und auf dem Balkan; Einzelvorkommen gibt es auch in Frankreich und in Italien (Apennin). Preiselbeersträucher sind etwa 10–30 cm hohe, nur wenig verzweigte, wintergrüne Zwergsträucher mit glänzend dunkelgrünen, 0,5–2,5 cm großen Blättern. Mit Hilfe der dünnen Rhizome kann sich die Pflanze flächig ausbreiten. Die glockigen, weißen bis rötlichen Blüten entwickeln sich im Mai (bis Juni) in endständigen Trauben und bestehen aus bis zu 20 Einzelblüten. In tiefen, wärmeren Lagen können sie im Juli (August) ein zweites Mal blühen. Der Standort sind Misch- und Nadelwälder, Zwergstrauchheiden, Moore und windgeschützte Felsgesimse.

Eignung: Da Preiselbeersträucher saure Bodenbedingungen (pH-Wert zwischen 3,5–5,5) benötigen, werden sie vorwiegend in Moorbeeten und als Unterpflanzung zu Rhododendren sowie als attraktiver Bodendecker in Heidegärten verwendet. Bei zunehmender Beschattung leidet allerdings die Blütenbildung, und damit fällt auch der Fruchtansatz geringer aus. Preiselbeeren lassen sich bei entsprechender Pflege auch gut in Trögen kultivieren.

Frucht: Die etwa erbsengroßen (0,5–1 cm) Früchte sind rund, hart, scharlachrot glänzend und reifen im August / September. Die vielsamigen Beeren haben eine leicht mehlige Konsistenz, sind innen weiß, sie schmecken säuerlich-herbaromatisch. Besonders erwähnenswert ist der hohe Gehalt an Benzoesäure und Vitamin C (10–20 mg / 100 g), sie sind verantwortlich für die lange Haltbarkeit der Früchte. Unter anderem sind noch Zucker, Zitronensäure, zahlreiche organische Säuren, Provitamin A, Vitamin B, Gerbstoffe, Pektin sowie Mineralstoffe (Kalium, Kalzium, Magnesium und Phosphor) etc. anzuführen.

Verwertung: Man kann Preiselbeeren zwar roh mit Zucker essen, vorwiegend werden die herb-säuerlichen Früchte aber für Konfitüre, Kompott, Marmelade, Mus, Saft, auch in Kombination mit Joghurt, als Kaltschale, Fruchtbelag für Gebäck und Beilage zu Wildbraten etc. verwendet. Auch Wein und Branntwein lassen sich daraus herstellen. Die Blätter werden als Tee bei Erkältungen, rheumatischen Leiden und bei Erkrankungen der Harnorgane eingesetzt.

Die ganze Pflanze verwendete man zum Gerben und Färben. Die Früchte dienen zahlreichen Vögeln, Säugetieren und Insekten als Futter.

Reichtragende Preiselbeere (Vaccinium vitis-idae)

Standortansprüche und Pflege: Wie die meisten Vertreter der Heidekrautgewächse benötigt auch die Preiselbeere besondere Standortbedingungen, optimal wäre ein saurer, humoser oder sandig-humoser, nicht allzu nährstoffreicher Standort (pH-Wert von 4–5). Sie kommt allerdings mit leichtesten Böden noch gut zurecht und ist besonders frosthart (bis –22 °C). Eine Düngung sollte nur mit physiologisch sauren Düngern erfolgen, Stickstoffdüngung wirkt sich meist negativ aus. Staunässe wird nicht ertragen. Bei sehr kalkhältigen Mutterböden ist eine Pflanzung in Trögen anzuraten, ansonsten könnte eine 15–20 cm dicke Schicht aus Torf aufgebracht werden. Die Einbringung von Mykorrhiza-Pilzen wirkt sich günstig auf die Entwicklung der Pflanzen aus. Schnittmaßnahmen sind nicht notwendig, eventuell vergreiste sowie erkrankte Triebe entfernen.

Krankheiten und Schädlinge: Bislang auftretende pilzliche Erreger haben bei der Preiselbeere kaum Bedeutung. Der Pilz *Diaporthe vaccinii* kann bei Preiselbeeren ein Triebsterben verursachen, wobei die Triebe von der Spitze her absterben. Man sollte diese Triebe abschneiden und verbrennen. Eventuell auftretende Pilze der *Sclerotina*-Gruppe verursachen einen weißen, schimmelartigen Überzug der Blätter und Sprosse. Preiselbeeren werden gerne von Hasen und Rehen verbissen.

Vermehrung und Anzucht: Preiselbeeren lassen sich durch Stecklinge oder Teilung der Rhizome einfach vermehren. Für die Gewinnung größerer Pflanzenmengen wird heute auch die In-vitro-Vermehrung betrieben.

Sorten und Auslesen: Es gibt einige reichfruchtende Auslesen, die bekanntesten sind

Koralle: Sie wurde 1969 in den Niederlanden als Zierstrauch gezüchtet. Es handelt sich hier um eine mittelstarke, stark aufrecht wachsende, ausläufertreibende Sorte mit mittelgroßen Blättern und mittelgroßen Früchten. Diese sind wegen des herb-sauren Geschmackes für den Frischverzehr nicht geeignet.

Erntedank: Stammt aus Deutschland, wurde 1975 in den Handel gebracht. Sie ist schwachwüchsig, trägt kleine Blätter, blüht und fruchtet jedoch sehr reich und bringt fast alljährlich zwei Ernten. Die kleinen, hellroten, früh reifenden Früchte sind nur schwach sauer und deshalb auch für den Frischverzehr geeignet.

Erntekrone: Stammt aus Deutschland (1978). Diese mittelstark wachsende, allerdings ertragreiche Sorte entwickelt mittelgroße, dunkelrote Früchte, die mittelfrüh ausreifen und wegen des mild-sauren Geschmackes ebenfalls für den Frischverzehr geeignet sind.

Erntesegen: Aus Deutschland stammend, mit (bis 1 cm) großen, hellroten Beeren und guten Erträgen, spät reifend.

Sussi: Eine Wildauslese aus Schweden, mit großen, dunkelroten Beeren, reift uneinheitlich.

Weitere Sorten sind noch ***Erzgebirgsperle*** (1985), ***Red Pearl*** (1982, Niederlande) sowie ***Sanna, Linnea*** und ***Ida*** aus Schweden.

Weitere Arten

Weitere beerentragende Vertreter der Heidekrautgewächse (*Ericaceae*, Heidekrautgewächse)

Moosbeere (*Vaccinium oxycoccus*)
Weitere Namen: Gemeine Moosbeere, Sumpfbeere, Krahnsbeere
Ist auf der gesamten nördlichen Hemisphäre (zirkumpolar) verbreitet. Der bodendeckende Halbstrauch entwickelt weit kriechende, dem Boden aufliegende, verholzende Triebe und trägt wintergrüne Blätter. Diese sind länglich-lanzettlich, nur sehr klein (0,4–1 cm lang), dunkelgrün glänzend und im Winter rötlich. Seine im Juni / Juli erscheinenden rosa Blüten sitzen zu 1–4 auf kurzen, aufrechten Blütentrieben, die Kronblätter sind tief gespalten und turbanartig zurückgeschlagen. Die Früchte erinnern ein wenig an Preiselbeeren, sind rund bis birnenförmig, erbsengroß, erst weißlich, später dunkelrot, saftig und säuerlich (Apfel- und Zitronensäure) und nach den ersten Herbstfrösten eßbar. Sie können aber auch bis zum Frühjahr an den Sträuchern bleiben und erst dann verwertet werden. Neben Fruchtsäuren sind vor allem Vitamin C (30 mg / 100 g Frischsubstanz), Pektin und Mineralstoffe enthalten. Verwertung wie die Preiselbeere. Besonders reiche Vorkommen der Moosbeere gibt es in Finnland und Nordrußland, hier wird aus den Beeren ein erfrischendes, schwach alkoholisches Getränk („Kwass“) hergestellt.

Die relativ großen Früchte der Cranberry (Vaccinium macrocarpon)

Cranberry (*Vaccinium macrocarpon*, Syn.: *Oxycoccus macrocarpos*)
Weitere Namen: Kranichbeere oder Großfrüchtige Moosbeere, Amerikanische Moosbeere. Gelegentlich wird sie auch als Kulturpreiselbeere oder Gartenpreiselbeere bezeichnet.

Sie stammt aus dem Nordosten Nordamerikas und wurde schon seit langem von den dort ansässigen Indianern sehr geschätzt. Es ist ein am Boden kriechender, 10–30 cm hoher Halbstrauch mit bis 80 (bis 180) cm langen immergrünen Trieben, die mit zunehmendem Alter dichte Matten bilden; ihre immergrünen, wechselständigen Blätter sind nur sehr klein (0,5–1,5 cm lang), sie können bis drei Jahre alt werden. Die Pflanzen selbst können angeblich bis 100 Jahre alt werden. An aufrechten Trieben werden im Juni / Juli glockige, weißlichrosa Blüten gebildet, Ende September / Oktober reifen die je nach Sorte leuchtendroten bis dunkelroten Früchte. Sie sind von runder bis ellipsoider Gestalt und können 1–1,5 cm (bei Kulturformen bis mehr als 2 cm) groß werden. Inhaltsstoffe wie bei der Moosbeere, der säuerliche, etwas bittere Geschmack ähnelt jenem der Preiselbeere. Die Früchte sind gut haltbar und vielseitig zu verwerten (Gelee, Saucen als Beigabe zu Wild und Fleisch, Säfte, Sirup, Kompott, Marmeladen, für Mehlspeisen und als Beigabe zu Cremes, zum Tieffrieren und Trocknen). Bereits von den Indianern als Energie- und Vitaminlieferant genutzt, in früheren Zeiten auf langen Schiffsreisen gegen Skorbut eingesetzt, werden Cranberrys heute bei Infektionen der Harnwege als unterstützende Maßnahme medizinisch genutzt.

Sie benötigen sandig-humose, saure Böden mit genügend hoher Bodenfeuchte. In Amerika ist die Große Moosbeere eine der wirtschaftlich wichtigsten Obstarten mit plantagenmäßigem Anbau (über 10.000 Hektar). Bekannte Sorten (teils aus Kreuzungen hervorgegangen) sind unter anderem ***Early Black, Howes, McFarlin, Pilgrim*** und ***Searles***. Die Vermehrung ist durch Ablegen der Triebe beziehungsweise durch Stecklinge möglich.

Red Huckleberry (*Vaccinium parviflorum*)
Weitere Namen: Rotfrüchtige Heidelbeere
Diese neue Beerenart wird etwa 1,5–2 m hoch und entspricht in ihrem Wuchsverhalten etwa der Kultur-Heidelbbeere, Blätter und Triebe ähneln jedoch jenen der hei-

mischen Waldheidelbeere. Die dunkelroten Blütenknospen öffnen sich von Mai bis Juni zu glockenförmigen, gelblich-weißen Blüten. Von Juni bis August reifen die glänzend-korallenroten Heidelbeerfrüchte, die im Geschmack an säuerliche Johannisbeeren erinnern. Die Pflanzen sind frosthart und benötigen ebenso wie ihre Verwandten humose, saure Böden.

Rauschbeere (*Vaccinium uliginosum*)
Weitere Namen: Moorbeere, Tränkelbeere oder Sumpf-Heidelbeere
Ist von Nordamerika über Europa bis Sibirien, vom Tiefland (Hochmoore) bis in die Alpenregionen bis 2.400 m Höhe verbreitet. Der besenartig aufrecht wachsende, buschig verzweigte, Ausläufer treibende Kleinstrauch (0,2–0,8 m Wuchshöhe) mit kleinen sommergrünen Blättern hat eine gelborange Herbstfärbung. Seine kleinen, glockenförmigen, weißlichrosa Blüten erscheinen im Mai / Juni. Die schwarzen, kugeligen Beeren reifen im August, sind blau bereift, eßbar, sie schmecken süß, aber fade, das Fruchtfleisch ist nicht färbend! Die Früchte sind giftverdächtig, nach dem Verzehr größerer Mengen kann es zu Schwindelgefühl, rauschartigen Zuständen oder Erbrechen kommen, daher auch der Name „Rauschbeere". Wahrscheinlich liegt dies jedoch nicht an den Früchten selbst, sondern an einem an der Pflanze schmarotzenden Pilz (*Sclerotina megalospora*), der diese Zustände verursacht. Die Rauschbeere wächst auf nassen bis frischen, nährstoffarmen, sauren oder sandig-humosen Böden. Wird als Ziergehölz in Heide- und Moorgärten verwendet.

WALDERDBEERE

Fragaria vesca (*Rosaceae*, Rosengewächse)

Die Walderdbeere (Fragaria vesca) entwickelt sich im Garten sehr üppig

Pflanzenmerkmale und Verbreitung: Die Walderdbeere zählt zu den Rosengewächsen und kommt in den gemäßigten Zonen Eurasiens vor. Die Erdbeerpflanze ist eine 5–20 cm hohe Pflanze mit dickem Wurzelstock und grundständiger Blattrosette, ihre dreizähligen Blätter weisen gezähnte Blattränder auf. Sie entwickelt zahlreiche lange Ausläufer. Die fünfzähligen, weißen Blüten, meist sind es 3–10, sitzen an einem aufrechten Stiel.

Eignung: Walderdbeeren kann man an sonnigen Gehölzrändern, entlang von Wegen und auf Böschungen auspflanzen und verwildern lassen.

Frucht: Die „Erdbeere" ist eine Scheinfrucht (Sammelfrucht), die sich aus dem Blütenboden entwickelt, der nach dem Verblühen fleischig wird. Auf ihr sitzen die zahlreichen kleinen echten Nüßchen, die eigentlichen Früchte. Zur Reifezeit im Juni / Juli sind die Erdbeeren etwa 1–2 cm groß, rot und entfalten erst nun ihr unverwechselbares Aroma. Wertvolle Inhaltsstoffe wie Mineralstoffe, Fruchtsäuren und lösliche Kohlenhydrate, aber auch Vitamin C (60 mg / 100 g Früchte) sind in den schmackhaften Früchten enthalten.

Verwertung: Walderdbeeren sind köstlich schmeckende Wildfrüchte, man kann sie aber auch verschiedensten Verwertungen zuführen: gemeinsam mit Milchprodukten, als Marmelade und Gelee, Saft, Fruchtwein, Fruchtsekt, Sirup, Likör und Erdbeergeist, aber auch für Essig, Bowlen, Eis, Kompotte, als Kuchenbelag etc. Die Blätter werden zur Bereitung von Tees verwendet. Extrakten aus Blättern, Früchten und dem Wurzelstock werden positive medizinische Wirkungen zugeschrieben. Manche Menschen sind allerdings gegen Erdbeeren allergisch und reagieren beim Genuß dieser Früchte mit einem Nesselausschlag.

Standortansprüche und Pflege: Sonnige Standorte auf mäßig feuchten bis mäßig trockenen, nährstoffreichen und etwas lehmigen Böden.

Krankheiten und Schädlinge: Treten bei Walderdbeeren kaum auf, eventuell Grauschimmel und Mehltau.

Vermehrung und Anzucht: Erfolgt einfach durch Abtrennung der Ausläufer.

Sorten und Auslesen: Sind von der Walderdbeere nicht bekannt bzw. nicht im Handel. Näheres zu Kultursorten der Gartenerdbeere siehe „Beerenobst" (Leopold Stocker Verlag).

KLETTERPFLANZEN

Sie können insbesondere als Zierpflanzen zur Berankung von Mauern, Pergolen, Zäunen oder anderen Gerüsten verwendet werden. Damit erschließen die Wildobstgehölze eine weitere Dimension im Garten.

Akebie

Akebia quinata, Akebia trifoliata (Lardizabalaceae, Fingerfruchtgewächse)

Diese hochwindende (6–10 m) Schlingpflanze ist in China, Japan und Korea beheimatet. Es ist dies eine dekorative Kletterpflanze zur Begrünung von Pergolen, Wänden oder zur Berankung von Zäunen oder größeren Bäumen. Sie ist anpassungsfähig an den Standort, in der Jugend jedoch etwas frostempfindlich. Sie trägt sommergrüne, sehr dekorative Blätter, die aus 5 bzw. 3 Teilblättchen zusammengesetzt und wechselständig angeordnet sind. Die eingeschlechtlichen Blüten sind auffallend violettbraun bis rosa, duftend und erscheinen im Mai. Es entwickeln sich bereifte, hellviolette bis purpurviolette, gurken- bis wurstförmige Früchte von 5–10 cm Länge. Ihr gallertartiges, süßlich schmeckendes Fleisch wird in Asien roh verzehrt.

Chinesische Kiwi

Actinidia deliciosa, Syn.: *Actinidia chinensis* (*Actinidiaceae*, Strahlengriffelgewächse)
Weitere Namen: Kiwi, Kiwifrucht, Chinesische Stachelbeere

Pflanzenmerkmale und Verbreitung: Die Kiwipflanze ist in China beheimatet, sie wächst dort in den Auenwäldern des Jangtsekiang-Flusses. Sie wurde um 1850 von Fortune als Zierpflanze nach England gebracht. Etwa um die Wende des 20. Jh.s gelangten Samen nach Neuseeland, wo man einige Jahrzehnte später (in den fünfziger Jahren) deren kommerziellen Wert als Obstart entdeckte. Ursprünglich waren deren Früchte als „Chinese Gooseberries" bekannt, erst ein kalifornischer Früchteimporteur bezeichnete sie als „Kiwi" (das ist eigentlich der Name des flugunfähigen neuseeländischen Laufvogels), um die Früchte besser auf dem amerikanischen Markt verkaufen zu können. In verschiedenen Ländern, auch in zahlreichen Mittelmeerländern, wird diese subtropische Pflanze plantagenmäßig kultiviert, bei uns ist die Kultur wegen der hohen Wärmeansprüche jedoch nur für Liebhaber von Bedeutung.

Leicht erkennt man die Chinesische Kiwi (Actinidia deliciosa) an ihren großen, weich behaarten Blättern und den Früchten mit der rostigen Behaarung

Wahrlich exotisch wirken die bunten Früchte der Akebie (Akebia quinata), die in Asien gegessen werden. Siehe Text Seite 117

Die Kiwipflanze ist eine starkwüchsige, bis 10 m hoch wachsende Kletterpflanze mit relativ großen (5–20 cm), dicken, herzförmigen, unterseits behaarten Blättern und dicht mit rötlichen Haaren bedeckten Jungtrieben. Die jungen Triebe sind sehr brüchig. Aus den unteren 7 bis 8 Blattachseln der Neutriebe, die aus den einjährigen Trieben hervorgehen, entwickeln sich im Mai bis Juni die Blüten. Sie sind einhäusig, männliche und weibliche Blüten also auf verschiedenen Pflanzen verteilt.

Eignung: Kiwipflanzen benötigen ein kräftiges Gerüst. Man kann sie an Hausmauern, Pergolen oder Zäunen ziehen, wichtig ist auf jeden Fall ein sehr geschützter Standort, die Kiwipflanze ist nur in Gebieten mit Weinbauklima ausreichend winterhart.

Frucht: Die Früchte sind oval, etwa hühnereigroß und können bei Sorten ein Einzelfruchtgewicht von bis zu 80 (–120) g erreichen. Sie reifen in unserem Klimagebiet erst spät im Herbst (November). Die Haut der bräunlichen Früchte ist mit zahlreichen braunroten Härchen besetzt. Das Fruchtfleisch der Kiwi ist intensiv grün gefärbt und schmeckt angenehm süß-säuerlich. Sie ist reich an Vitaminen und Mineralstoffen (Kalium, Kalzium, Eisen). Unter anderem beträgt der Vitamin C-Gehalt 120–300 mg / 100 g, Kohlenhydrate 10,1 g / 100 g, Eiweiß 1g / 100 g, Gesamtsäure 1,38 g / 100 g.

Verwertung: Kiwis, mittlerweile als Obstart eingeführt, sind vorwiegend für den Frischverzehr geeignet und stellen eine delikate Bereicherung der bekannten Obstarten dar. Man kann sie auch für Obstsalate, als Kuchenbelag, für Konditoreiprodukte, zum Garnieren von Süßspeisen, Salaten, Käseplatten etc. verwenden. Auch für Liköre, Fruchtsäfte, Multivitaminsäfte wird die Kiwi gerne verwendet, sogar Fruchtwein kann man daraus bereiten. Daneben kann sie zu Marmelade, Gelee und Kompott verarbeitet werden.

Standortansprüche und Pflege: Die wärmedürftige Kletterpflanze benötigt einen geschützten Standort im Weinbauklima. Sie braucht einen humusreichen, lockeren Boden, wobei der PH-Wert im leicht sauren Bereich (unter 6,0) liegen sollte. Man benötigt für 6–8 weibliche zumindest 1 männliche Pflanze.

Schnittmaßnahmen sind wichtig, denn die Blüten bzw. Früchte sitzen jeweils an der Basis der neugebildeten Triebe. Im Sommer sollten diese Triebe auf 6 bis 8 Blätter nach der äußersten Frucht eingekürzt werden, auch zu dicht stehende oder konkurrierende Triebe werden entfernt. Nach einigen Jahren sollte das abgetragene Fruchtholz ganz entfernt werden, dies erfolgt im Spätwinter.

Krankheiten und Schädlinge: Sind kaum bekannt. Bei zu hohem Kalkgehalt ist mit Chlorose zu rechnen, auch Früh- und Spätfröste verursachen Schäden, Windbruch kann an Jungtrieben Schaden anrichten.

Vermehrung und Anzucht: Am einfachsten durch Absenker. Man kann auch aus Wurzelschnittlingen von 1–2 cm Dicke und 5–6 cm Länge neue Pflanzen heranziehen, eine Vermehrung durch Grünstecklinge setzt entsprechende Vermehrungseinrichtungen voraus. Auch eine Veredlung durch verschiedene Methoden (Augen- und Reiserveredlungen) ist möglich.

Sorten und Auslesen

Hayward: Ist die bekannteste Sorte, die in Plantagen angebaut und auf dem Markt angeboten wird. Sie bringt große Früchte mit braungrüner, sehr filzig behaarter Haut, die Früchte wiegen etwa 75–100 (–120) g, die Reife erfolgt Mitte bis Ende November.

Abbott: Ist früher blühend, sie bringt zahlreiche mittelgroße, längliche Früchte. Sehr süß, kaum bitter, ausgeprägter Stachelbeergeschmack.

Bruno: Eine Sorte mit großen Früchten und dunkler Haut, etwas süßer.

Monty: Spätblühende Sorte, reichfruchtend, aber kleinere Früchte, ein wenig bitter und sauer.

Starella: Mittelgroße, längliche Früchte mit bräunlicher, dicht behaarter Schale. Mittelsüß, saftig und aromatisch duftend. Reifen von Ende Oktober bis Mitte November. Hoher Ertrag, Sorte ist anpassungsfähig, chloroseempfindlich.

Jenny: Trägt weibliche und männliche Blüten. Geschmack fein süß-säuerlich, ähnlich Hayward, die Früchte sind jedoch kleiner. Erntezeit ab Mitte November.

Matua: Männliche Befruchtersorte für alle weiblichen Kiwisorten, eignet sich auch als Befruchter für *Actinidia arguta*-Sorten.

MINI-KIWI

Actinidia arguta (*Actinidiaceae*, Strahlengriffelgewächse)
Weitere Namen: Strahlengriffel, Japanische Honigbeere, Bayernkiwi, Kleine Kiwi, Kahle Kiwi

Pflanzenmerkmale und Verbreitung: Natürliche Vorkommen der Mini-Kiwis gibt es in Japan, Korea, Nordostchina bis Ost-Himalaja und Sibirien.

Mini-Kiwis sind starkwüchsige, linkswindende Kletterpflanzen mit einer Wuchshöhe bis 10 m. Die wechselständig angeordneten Blätter sind etwa 8–12 cm lang, breit-eiförmig bis elliptisch und besonders durch die roten Blattstiele leicht erkennbar. Von Anfang bis Mitte Juni erscheinen die duftenden Blüten in achselständigen Trugdolden, wobei die Einzelblüte etwa 2 cm groß und weiß bis cremefarben ist. Üblicherweise sind die Blüten zweihäusig, gelegentlich kommen aber auch Typen mit zwittrigen Blüten vor. Männliche Blüten enthalten ausschließlich purpurne Staubgefäße, während bei den weiblichen Blüten neben den zahlreichen strahlenförmig angeordneten Griffeln und Narben auch Staubblätter vorhanden sein können.

Eignung: Mini-Kiwis sind besonders frostharte, jedoch starkwüchsige Kletterpflanzen mit geringen Ansprüchen, einer schönen reingelben Herbstfärbung und schmackhaften Früchten. Die Pflanzen eignen sich zur Begrünung von Hauswänden, Mauern oder Pergolen.

Frucht: Die Früchte selbst sind vielsamige Beeren, die ein wenig an Stachelbeeren erinnern und deswegen gelegentlich auch als „Mandschurische Stachelbeeren" bezeichnet werden. Sie können etwa 2–4 cm lang werden, haben aber im Gegensatz zu den „echten" Kiwis eine grüne oder bräunlichgrüne, gelegentlich auch rötliche, glatte Schale und reifen ab September / Oktober. Hervorzuheben ist der feine, etwas an Stachelbeeren erinnernde Geschmack; die Früchte sind süß (10–18 g / 100 g Zucker), der Vitamin C-Gehalt mit 60–300 mg / 100 g relativ hoch. Erwähnenswert sind noch ein hoher Vitamin E-Gehalt sowie hohe Gehalte an Calcium, Kalium, Eisen und Ballaststoffen.

Verwertung: Die Früchte der Mini-Kiwis sind recht vielseitig verwendbar. Zum einen eignen sie sich für den Rohverzehr, da sie im reifen Zustand (wenn die Früchte beginnen, weich zu werden) angenehm süß schmecken und somit als Dessertfrüchte interessant sind. Im Gegensatz zu den großen Kiwis werden sie mit der glatten, dünnen Schale gegessen. Bei manchen Typen kann beim Verzehr größerer Mengen ein leichtes Brennen auf der Zunge festgestellt werden. Dies ist bei den im folgenden vorgestellten Selektionen jedoch nicht der Fall. Größere Mengen von frisch verzehrten Früchten können bei empfindlichen Personen unter Umständen abführend wirken.

Obwohl sich die Mini-Kiwis für eine längere Lagerung nicht eignen, kann man sie für einige Tage kühl aufbewahren. Ihre Verwertungsmöglichkeiten sind darüber hinaus noch vielfältig: sie eignen sich zur Herstellung von Marmelade und Gelee, Kompott, auch Saft und Wein lassen sich daraus bereiten, man kann sie auch tieffrieren und trocknen.

Standortansprüche und Pflege: Die Pflanzen benötigen vor allem gut durchlüftete, nicht allzu schwere, sandig-humose Lehmböden und ausreichende Bodenfeuchte. Kalkarme oder leicht saure Böden (pH-Wert 5–6) sind optimal, die Pflanzen gedeihen auch auf Böden mit pH-Werten über 7 noch problemlos. Der „Fuß" der Pflanzen sollte abgedeckt sein, bei vollsonnigem Standort können Erträge von bis zu 20 kg je Pflanze erzielt werden. Spätfrostgefährdete Lagen sind eher ungünstig, doch vertragen die Pflanzen bei völliger Winterruhe –30 bis –40 °C ohne weiteres. Aufgrund der Zweihäusigkeit der Pflanzen (es gibt auch Ausnahmen) sollte zur ausreichenden Bestäubung unbedingt eine männliche Pflanze (reicht für sechs bis acht weibliche Pflanzen) vorhanden sein, es eignen sich auch männliche Pflanzen der echten Kiwi (*Actinidia deliciosa*) als Befruchtungspartner. Wichtig ist eine ausreichende Bodenfeuchte im Sommer (man kann mit Mulchmaterialien den Boden gut feucht und gleichzeitig unkrautfrei halten), da die Früchte ansonsten klein bleiben.

Die Blätter der Mini-Kiwi (Actinidia arguta, hier mit Blüten) sind wesentlich kleiner als die ihrer chinesischen Verwandten, außerdem sind die roten Blattstiele ein gutes Erkennungsmerkmal

Die Früchte der Mini-Kiwi (Actinidia arguta, im Bild die Sorte ***Ambrosia****) sind glattschalig und werden mit der Schale verzehrt*

Schnitt: Mini-Kiwis läßt man in der Regel aus mehreren Trieben aus dem Boden als Spalier oder an einer Pergola hochranken. Da sie sehr stark wachsen (Jahrestriebe von 2 m und mehr), kann man die Triebe im Sommer etwas einkürzen. Bei der Ernte muß man die Früchte nicht einzeln pflücken, sondern kann den ganzen aus der Trugdolde entstandenen Fruchtstand abschneiden. Am Ende des Winters (nicht zu spät!, etwa Ende Februar / Anfang März) sollte man auch das abgetragene vorjährige Holz entfernen (Auslichtungsschnitt). Schneidet man zu spät, so kommt es zu einem länger dauernden „Nachblu-

Mini-Kiwi: *Ausschnitt mit einjährigen und mehrjährigen Trieben sowie mit altem und einjährigem Fruchtholz*

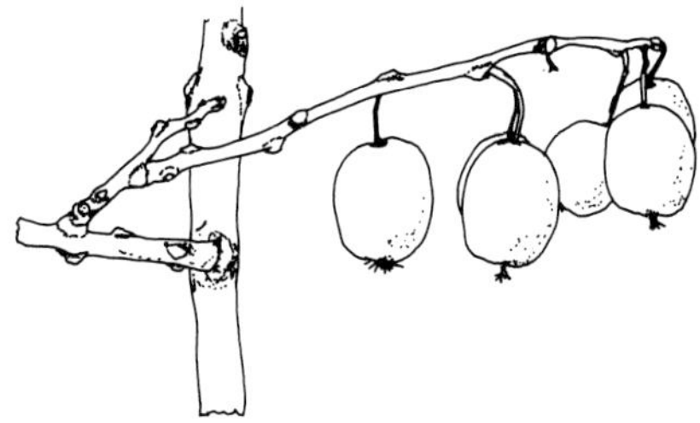

Mini-Kiwi: *einjähriges Fruchtholz mit Fruchtbehang, an der Basis dieses Triebes können sich im nächsten Jahr wieder Fruchttriebe bilden*

ten" der Schnittstellen, da die Pflanzen während dieser Zeit bereits unter sehr hohem Saftdruck stehen. Alte, abgetragene und zu dicht oder ungünstig stehende Triebe werden entfernt. Die jungen Triebe werden etwa um ein Drittel eingekürzt, abgetragene Triebe auf 3 bis 5 Augen zurückgeschnitten (sofern dies nicht schon bei der Ernte erfolgte), denn aus ihnen entwickelt sich im folgenden Jahr das neue Fruchtholz. Abgetragene Triebe sollten in etwa dreijährigem Rhythmus entfernt werden (Fruchtholzerneuerung).

Krankheiten und Schädlinge: Kaum bekannt, selten Schild- oder Blattläuse, Beschädigungen durch Katzen durch Kratzen an der Rinde (Drahtmanschette anbringen) sowie gelegentlich Spätfrostschäden wegen des zeitigen Austriebes.

Vermehrung und Anzucht: Kurz-Steckholz im Container, Ablegen, Grünstecklinge unter Folie.

Sorten und Auslesen: Die Art selbst ist seit 1874 in Kultur. Mitschurin führte erste Selektionen mit sibirischen Herkünften durch.

Ambrosia (Züchter Häberli, CH): Die Früchte sind länglich-zylindrisch (4–5 cm lang), grün, süß; Reife ab Anfang Oktober; gutes Aroma.

Maki, Synonyme: ***Red Beauty, Amdue*** (Züchter Häberli, CH): Hierbei handelt es sich um eine Kreuzung aus *Actinidia arguta* x *Actinidia chinensis*. Früchte 2–3 cm lang, grünlich-braun bis schön rot ausgefärbte Früchte, reichfruchtend; Reife ab Anfang Oktober; wohlschmeckend.

Nostino (Züchter Häberli, CH): Männliche Befruchtersorte, starkwüchsig!

Weiki (Züchter TU München, Weihenstephan): Bedingt selbstfruchtbar, Früchte bis 3 cm lang, grün mit rötlichem Anflug, reichtragend, Reifezeit Anfang Oktober; sehr guter Geschmack.

Kokuwa, Japanische Honigbeere: Sorte aus Japan mit honigartigem Geschmack (deswegen die Bezeichnung „Honigbeere"). Früchte ca. 2,5 cm, mattgrün mit rötlichem Anflug, Reife ab Mitte Oktober; sehr wohlschmeckend.

Issai: Ist eine weitere, aus Japan stammende Sorte, die selbstfruchtbar ist. Früchte klein, grün, glattschalig und sehr süß bzw. sehr reich an Vitamin C; Fruchtreife Anfang Oktober.

Gelegentlich werden noch weitere Sorten angeboten

Clamony: Starkwüchsig, traubenartige Fruchtanordnung, Früchte graugrün, rundlich, herzförmig zugespitzt, Fruchtfleisch süß und aromatisch. Fruchtreife Mitte bis Ende September.

Jumbo Verde: Früchte länglich-zylindrisch, bis 5 cm, hellgrün, saftig und süß-säuerlich (sehr ähnlich Ambrosia).

Die Selektionen von Mitschurin aus sibirischen Herkünften: ***Posnja*** (Spät reifende Aktinidie), ***Rannjaja*** (Früh reifende Aktinidie) und ***Uroshainaja*** (Fruchtbare Aktinidie)) sowie die *Actinidia kolomikta*-Sorten ***Klara Zetkin*** und ***Ananasnaja*** (Mitschurins Ananas-Aktinidie) sind nicht im Handel erhältlich.

Auch gibt es verschiedene Auslesen im Versuchsanbau in Kananda und in den USA, darüber hinaus sind noch zwei weitere Arten, nämlich *Aktinidia kolomikta* und *Actinidia melanandra*, zu nennen.

An der HBLVA für Gartenbau in Wien, Schönbrunn, sind einige interessante Selektionen von *Actinidia arguta* aus der Versuchsanstalt Pruhonice (Prag) in Erprobung.

CHINESISCHES SPALTKÖLBCHEN

Schisandra chinensis (*Schisandraceae*, Spaltkölbchengewächse)

Pflanzenmerkmale und Verbreitung: Das Spaltkölbchen stammt aus Korea, Japan und dem Amurgebiet bis Nordchina. Das bis zu 10–15 m hoch wachsende, linkswindende Klettergehölz ist sommergrün, hat etwas kantige Triebe und 5–10 cm lange, gezähnte, eiförmige bis elliptische, kurz zugespitzte Blätter. Diese sind oberseits dunkelgrün, unterseits heller und weisen eine gelbe Herbstfärbung auf. Rinde und Blätter duften beim Zerreiben aromatisch. Die etwa 1,5 cm breiten, duftenden, aber relativ unscheinbaren gelblichweißen bis blaßrosa Blüten sitzen zu mehreren an 2–3 cm langen Stielen an Kurztrieben vorjähriger Langtriebe. Sie blühen von Mai bis Juni, sind überwiegend zweihäusig, es treten jedoch auch Pflanzen mit zwittrigen Blüten auf.

Eignung: Das Spaltkölbchen läßt sich gut als Kletterpflanze für Pergolen und an Wandspalieren verwenden. Der Fruchtschmuck und die gelbe Herbstfärbung sind zierende Aspekte.

Frucht: Die ährenartigen Fruchtstände (Sammelfrucht) sind aus bis zu 20 Einzelfrüchten, scharlachroten Beeren, zusammengesetzt und einer kleinen zylinderförmigen Weintraube ähnlich. Sie reifen bereits ab August, werden im September geerntet, können aber relativ lange an der Pflanze verbleiben. Im Fruchtfleisch sind Aminosäuren, Mineralstoffe, Zucker, Vitamin C und etwas Vitamin E enthalten. An organischen Säuren sind Zitronensäure (11 %) sowie Apfelsäure (7–8 %) zu nennen, auch Pektin und Gerbstoffe sind enthalten. Die fettreichen Samen enthalten neben ätherischem Öl (2 %) den Wirkstoff Schisandrin. Der Fruchtertrag kann zwischen 0,2 und 2,5 kg pro Pflanze betragen.

Verwertung: Die Früchte haben einen sehr eigenartigen Geschmack, der sich mit keiner anderen Frucht vergleichen läßt. Sie sind scharf, säuerlich sowie aromatisch und eignen sich zur Herstellung von Marmeladen, alkoholfreien Erfrischungsgetränken, Sirup und Likör. Zur Saftbereitung benötigt man gerebelte Beeren, dazu können diese kurz vor der Vollreife geerntet und zur Nachreife aufgelegt werden. Getrocknete Früchte dienen auch zur Herstellung von Tees. In Korea wird diese Frucht bereits seit Jahrhunderten in der Volksheilkunde genutzt und seit etwa 1860 gärtnerisch kultiviert. Aufgrund der kräftigen Wirkung wird das Spaltkölbchen in seiner Heimat auch heute noch für pharmazeutische Zwecke genutzt, man bereitet daraus Sirup, Tinkturen, Tee und Dragees. Der Wirkstoff Schisandrin ist darüber hinaus auch in Blättern und Wurzeln enthalten.

Das Spaltkölbchen (Schisandra chinensis) ist eine Kletterpflanze, die unbedingt ein Rankgerüst benötigt und aufgebunden werden sollte

Standortansprüche und Pflege: Das Spaltkölbchen stellt keine besonderen Ansprüche, es bevorzugt halbschattige bis sonnige Lagen sowie frische, durchlässige und nährstoffreiche Böden. Wächst auch noch gut auf leichten, schwach humosen Sandböden und meidet Staunässe. Sehr frosthart, jedoch spätfrostempfindlich. Duldet keine lang anhaltende Trockenheit.

Krankheiten und Schädlinge: Keine Informationen darüber.

Vermehrung und Anzucht: Durch Abtrennung der Wurzelausläufer, auch eine Vermehrung durch Aussaat ist gut möglich, bei Herbstaussaat wird eine Keimrate von etwa 70 % erreicht.

Sorten und Auslesen: Keine bekannt, man sollte aber jeweils mehrere Exemplare auspflanzen, weil Zweihäusigkeit auftreten kann.

Blätter und Fruchtstand des Spaltkölbchens (Schisandra chinensis)

SONSTIGE PFLANZEN MIT ESSBAREN FRÜCHTEN

Abgesehen vom Pawpaw, der sich als Obstart im Versuchsstadium befindet, handelt es sich hier ausschließlich um Ziergehölze. Allerdings werden die Früchte dieser Gehölzarten in ihren Heimatländern ebenfalls genutzt, indem man sie entweder roh verzehrt oder als Obst im weitesten Sinne verwertet. Für den Mitteleuropäer sind die Früchte dieser Gehölzarten mit Sicherheit gewöhnungsbedürftig.

BLAUSCHOTENSTRAUCH

Decaisnea fargesii (*Lardizabalaceae*, Fingerfruchtgewächse)

Stammt aus derselben Familie wie die Akebie, ist allerdings ein anfangs straff aufrechter, im Alter 3–5 m hoher und 2–4 m breiter Strauch, der in den Bergwäldern Westchinas beheimatet ist. Die dicken, wenig verzweigten Triebe tragen 50–80 cm große gefiederte Blätter mit 13–25 Fiederblättchen. Ihre Blüten erscheinen im Juni, es handelt sich dabei um unscheinbare, grünlichgelbe Glöckchenblüten in hängenden Trauben. Die etwa 10 cm langen, bohnenartigen, daumen-

Der Blauschotenstrauch erhielt seinen Namen von den intensiv blau gefärbten Früchten

Die Früchte der auch bei uns in wintermilden Klimagebieten winterharten Dreiblatt-Zitrone (Poncirus trifoliata) enthalten eine große Anzahl an Samen

siehe Text Seite 128

dicken Balgfrüchte sind im Spätsommer auffallend kobaltblau gefärbt und weißlich bereift. Sie besitzen ein gallertartiges Fruchtfleisch, die Früchte werden in der Heimat von der Bevölkerung roh gegessen, ob sie dem Geschmack der Europäer entsprechen, ist allerdings etwas fraglich. Der Blauschotenstrauch ist aber ein interessantes, dekoratives Gehölz für geschützte, sonnige, warme Lagen, das geringe Bodenansprüche stellt, allerdings etwas spätfrostgefährdet ist.

Dreiblatt-Zitrone

Poncirus trifoliata (*Rutaceae*, Rautengewächse)
Weiterer Name: Bitterorange

Die Heimat dieser winterharten Zitrone ist der Himalaja und China. Es ist ein dichtbuschiger, 2–4 m hoher Strauch mit auffallend dicken dunkelgrünen Trieben und langen grünen Dornen. Die dreizähligen Blättchen sind verkehrt-eiförmig und kaum 3–6 cm lang. Vor dem Laubaustrieb im Mai erscheinen die 3–5 cm großen, weißen, schalenförmigen Blüten mit ihren goldgelben Staubblättern. Sie duften fein nach Orangen. Bis zum Herbst entwickeln sich 4–5 cm große, gelbe, sehr zartfilzig behaarte rundliche Zitronen. Die angenehm duftenden Früchte enthalten zahlreiche Samen und ein stark säuerliches Fruchtfleisch mit etwas bitterem Beigeschmack. Die Dreiblatt-Zitrone benötigt einen geschützten Standort (ist bis etwa –15 °C ausreichend winterhart) sowie mäßig feuchten bis mäßig trockenen, gut durchlässigen Boden. Die Pflanzen werden in wärmeren Regionen bzw. in südlichen Ländern als undurchdringliche Heckenpflanze verwendet, aus den Früchten wird teilweise Marmelade hergestellt oder sie finden als Küchengewürz Verwendung.

VERMEHRUNG DER WILDOBSTARTEN UND DER SELTENEN OBSTARTEN

Die Vermehrung der Wildobstarten kann entweder geschlechtlich (generativ) durch Samen oder ungeschlechtlich (vegetativ) durch die Bewurzelung von Pflanzenteilen erfolgen.

Generative Vermehrung

Die generative Vermehrung ist die Vermehrung durch Samen. Bei dieser Methode können die Eigenschaften der Nachkommen (Sämlinge) von jenen der Mutterpflanzen mitunter beträchtlich abweichen (z.B. Apfel- oder Birnensorten und Sorten der übrigen Obstarten). Bei anderen dagegen, insbesondere bei Wildgehölzen, sind die Unterschiede gegenüber den Mutterpflanzen oft nur geringfügig (z.B. Kornelkirschen, Berberitzen, Mispeln, Schlehdorn und *Sorbus*-Arten), sie können ohne weiteres durch Samen vermehrt werden.

Bei der Samenvermehrung muß man allerdings einige Punkte beachten: Oft sind im Fruchtfleisch oder in der Samenschale keimhemmende Stoffe enthalten. Deshalb sollte man das Fruchtfleisch gleich nach der Ernte entfernen, indem man die Früchte mazeriert und die Samen auswäscht. Bei Samen mit fleischigem Samenmantel sollte dieser entfernt werden. Um die keimhemmenden Stoffe, die sich auch im Samen selbst befinden können, abzubauen, bedient man sich der Stratifikation. Darunter versteht man das schichtweise Einlegen der gereinigten Samen in ein Gefäß (z.B. großer Blumentopf) mit Sand oder feuchtem Torf-Sand-Gemisch.

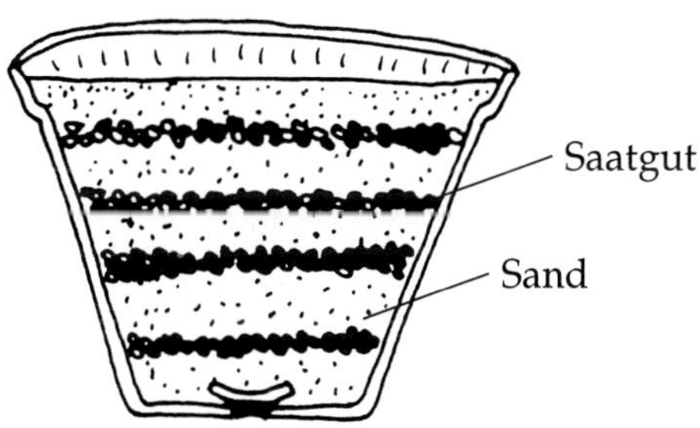

Stratifizieren (Einschichten in Sand) von Saatgut

Zu beachten ist dabei, daß der Gefäßboden mit Abzuglöchern für das Wasser ausgestattet ist, gegen Mäuse- und Vogelfraß sollten die Gefäße mit Schutzgittern versehen werden. So vorbereitet, stellt man sie in den Garten, wo sie der Winterkälte ausgesetzt sind.

VEGETATIVE VERMEHRUNG

Bei der vegetativen Vermehrung werden belaubte oder unbelaubte Pflanzenteile zur Bewurzelung gebracht (autovegetativ), oder zwei verschiedene Pflanzenteile werden miteinander zur Verwachsung gebracht (xenovegetativ, z.B. Veredlung). In beiden Fällen besitzen die neu erhaltenen Pflanzen genau die gleichen Eigenschaften wie die Ausgangspflanze, von der die Pflanzenteile entnommen wurden.

Wurzelausläufer

Die einfachste Methode, zu neuen Pflanzen zu kommen, besteht darin, daß man Wurzelausläufer von der Mutterpflanze abtrennt. Dies sind beblätterte und bewurzelte Sprosse, die man im Spätherbst oder Frühjahr, also während der Vegetationsruhe, mit einem Spaten absticht (z.B. Sanddorn, Himbeeren etc.). Man kann auch bei einigen anderen Sträuchern, die zwar keine Ausläufer treiben, deren jungen Triebe sich aber teilweise bewurzeln (z.B. Haselstrauch), diese abtrennen und wie Ausläufer auspflanzen.

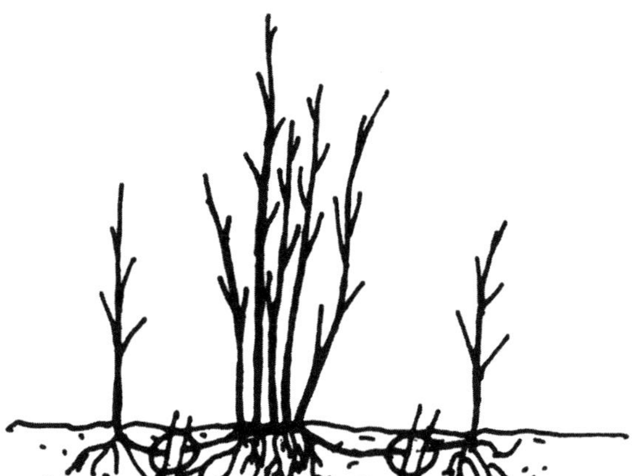

Ausläuferbildung bei Sträuchern

Abgetrennter bewurzelter Ausläufer

Absenker

Man kann von fast allen Gehölzarten sogenannte „Absenker“ zur Bewurzelung bringen. Zu diesem Zweck werden 1jährige (oder 2jährige) Triebe im laublosen Zustand so in die Erde abgesenkt, daß die Triebspitzen aus dem Boden herausschauen. Um die Bewurzelung zu beschleunigen, kann man den Trieb in jenem Teil, der sich im Erdreich befindet, entweder mit Draht einschnüren oder die Rinde an dieser Stelle verletzen. Wenn die Triebspitze im Laufe der Vegetationsperiode weiterwächst, sollte

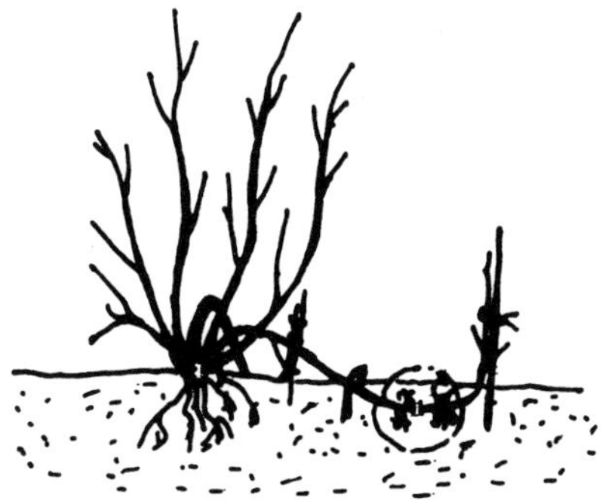

Vermehrung durch Absenker bei Sträuchern

Abgetrennter bewurzelter Absenker

man sie an einem Stab aufbinden. Bis zum Herbst ist der Absenker gut bewurzelt (bei manchen Gehölzen werden für eine ausreichende Bewurzelung zwei Jahre benötigt), er kann dann abgetrennt und neu eingepflanzt werden.

Ableger

Der Ableger unterscheidet sich vom Absenker dadurch, daß die ebenfalls einjährigen Triebe ganz (mit der Triebspitze) in eine Rinne auf den Boden abgelegt werden, gleichzeitig wird der Bereich über den abgelegten Trieben etwas angehäufelt. Aus den Knospen entwickeln sich nun neue Triebe, die sich an der Basis bewurzeln. Sie können ebenfalls im Herbst abgenommen werden und müssen, da sie noch relativ klein sind, verpflanzt werden. Man erhält auf diese Weise jedoch gleich mehrere Pflanzen aus einem abgelegten Trieb.

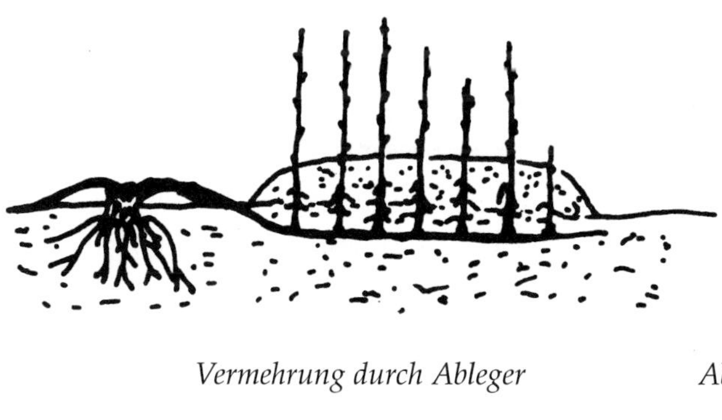

Vermehrung durch Ableger

Abgetrennter bewurzelter Ableger

Ablegen in Wellenlinien

Diese Vermehrungsmethode wird bei Schlingpflanzen angewandt. Dazu werden junge Triebe wellenförmig in die Erde abgelegt, so daß jeweils ein Teilstück unter und über dem Boden zu liegen kommt. Der im Boden befindliche Teil bildet Wurzeln, aus den über dem Boden liegenden Knospen entwickeln sich hingegen neue Triebe. Jeweils ein Sproßstück mit Wurzel und einem Trieb wird nun abgetrennt und weiterkultiviert.

Wellenförmiges Ablegen bei Schlingpflanzen

Bewurzeltes Triebstück

Sternförmiges Ablegen

Am Beispiel der Moosbeere oder Cranberry wird das sternförmige Ablegen erläutert. In diesem Fall liegen die Triebe dem Boden auf und bewurzeln sich an den Nodien ohne weiteres Zutun. Da sich aus jedem Nodium zusätzlich auch ein aufrechter Sproß entwickelt, kann man diese bewurzelten, mit aufrechten Trieben versehenen Sproßstücke abtrennen und weiterkultivieren.

Triebe liegen am Boden auf und bewurzeln sich von selbst

Bewurzeltes Triebstück mit beblätterten aufrechten Trieben

Anhäufeln (Abriß-Vermehrung)

Für die Anhäufelmethode werden die (nicht zu alten) Mutterpflanzen im Frühjahr stark zurückgeschnitten. Der neue Austrieb (es bilden sich zahlreiche neue Triebe) muß nun sukzessive angehäufelt werden, bevor die basalen Teile der Triebe verholzen. Man verwendet dazu ein durchlässiges Substrat. Bis zum Herbst haben sich die neu gebildeten Triebe bewurzelt. Um die Triebe von der Mutterpflanze zu trennen, häufelt man diese ab und trennt die „Abrisse“ knapp über dem Boden von der Mutterpflanze. Auf diese Weise werden in Baumschulen auch zahlreiche Obstunterlagen (Äpfel, Zwetschken etc.) in großen Stückzahlen gewonnen.

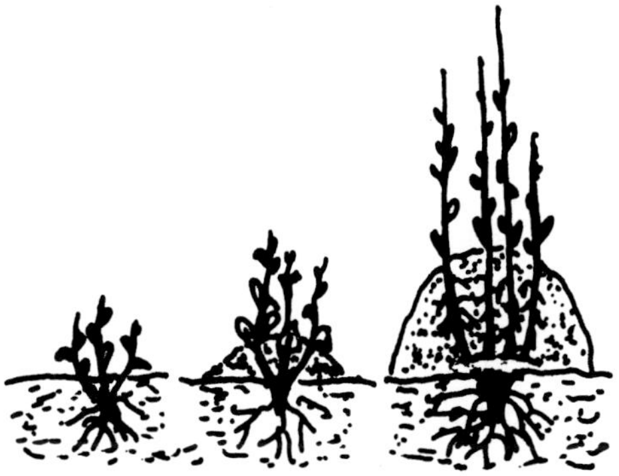

Anhäufelmethode (Abrißmethode)

Abgetrennter, bewurzelter Trieb

Vermehrung durch Steckholz

Zu diesem Zweck werden im Spätherbst oder Vorfrühling (bevor die Pflanzen in Saft gehen!) einjährige, verholzte Triebe entnommen und auf etwa 20–25 cm Länge bzw. mit etwa fünf Knospen (Augen) geschnitten. Diese müssen den Winter über gebündelt in feuchtem Sand aufbewahrt werden. Im Frühjahr, sobald der Boden offen ist, steckt man sie im Freiland so tief in durchlässigen Boden, daß nur mehr die oberste Knospe herausschaut. Bei zahlreichen Gehölzarten (z.B. Sanddorn, Holunder und Quitte) erhält man auf diese Weise bis zum Ende der Saison kräftige Jungpflanzen.

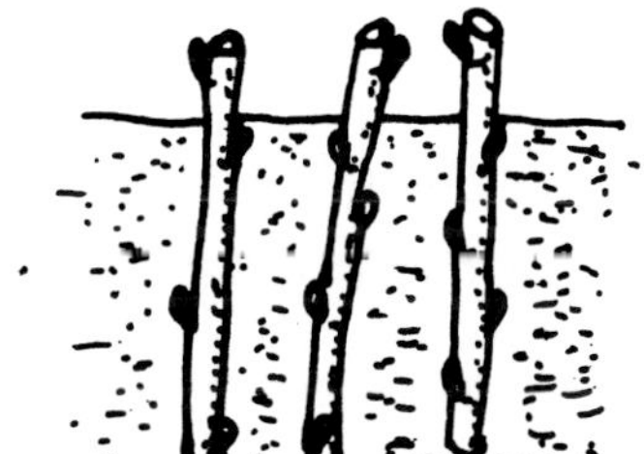

Steckholzvermehrung: Nur das obere Auge schaut aus dem Boden heraus

Grünstecklinge

Um Grünstecklinge zur Bewurzelung zu bringen, gehört schon viel Fingerspitzengefühl dazu. Man schneidet etwa ab Mai kurze, beblätterte, gut ausgereifte Triebe mit etwa 2–3 Blattpaaren und steckt diese in sandiges oder torfiges Substrat. Wichtig ist dabei, daß die Stecklinge nie austrocknen, man kann die Gefäße (z.B. Töpfe, kleine Kistchen) zu diesem Zweck mit einer Plastikfolie überspannen. Wenn die Stecklinge bewurzelt sind (was einige Wochen dauern kann), sind sie umzutopfen und geschützt weiterzukultivieren.

Luftableger (Abmoosen)

Nicht nur von Gummibäumen kann man durch Abmoosen neue Pflanzen gewinnen, im Prinzip funktioniert dies auch bei Freilandgehölzen (z.B. Haselnußsträucher, Obstbäume, *Sorbus*-Arten). Zu diesem Zweck sucht man sich einen kräftigen, gut ausgereiften, einjährigen Trieb. Dann entfernt man knapp unterhalb jener Stelle, wo sich die neuen Wurzeln bilden sollen, die Rinde bis auf das Holz auf einer Länge von 2–3 cm. Dieser und der darüberliegende Bereich (10–15 cm) wird nun mit gut befeuchtetem *Sphagnum* (Torfmoos) umhüllt, darüber gibt man eine schwarze Plastikfolie und schließt diese oben und unten dicht mit einer Drahtmanschette ab (darf nie austrocknen!). Man kann über das Torfmoos auch zwei Tontopfhälften stülpen und darüber erst die Folie anbringen, dann hat man im Herbst nach dem Abtrennen des nun bewurzelten Triebstückes bereits eine fertige „Containerpflanze".

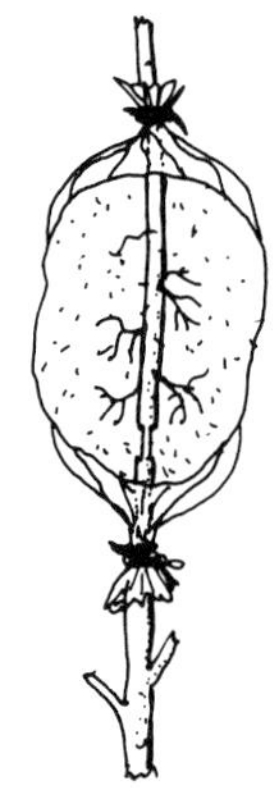

Luftableger (oder „Abmoosen"): oberhalb jenes Triebabschnittes, wo die Rinde entfernt wurde, entwickeln sich neue Wurzeln

VEREDLUNGSARTEN

Bei der Veredlung benötigt man üblicherweise eine bewurzelte Unterlage und Reiser oder Edelaugen der zu vermehrenden Sorte. Man unterscheidet zwischen den **Reiserveredlungen** (z.B. Kopulation, Umveredeln), die in der Regel an unbelaubten Pflanzen durchgeführt werden, und den **Augenveredlungen** (Okulation), die im Sommer erfolgen.

Okulation

Die Okulation wird im Sommer durchgeführt, wobei die Okulation auf das ruhende Auge üblich ist. Die Unterlagen müssen für diesen Zweck bereits im Frühjahr ge-

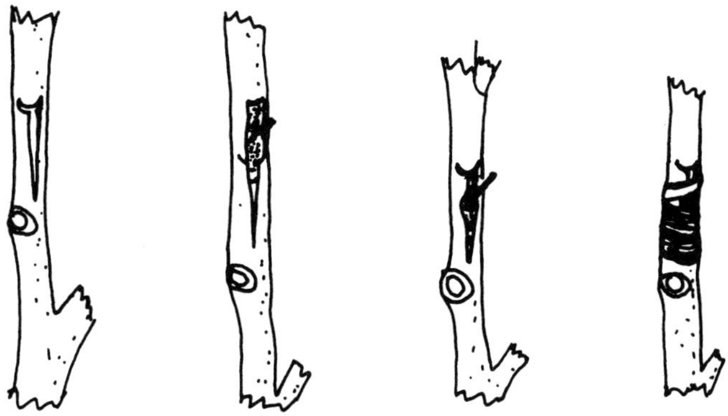

a *b* *c* *d*

Okulation

***a)** T-Schnitt an der Unterlage*

***b)** Einfügen des Rindenschiffchens mit einer Knospe (Edelauge) in den T-Schnitt der Unterlage*

***c)** Fertig durchgeführte Okulation vor dem Verbinden*

***d)** Okulation nach dem Verbinden – die Knospe des Edelreises muß freibleiben*

pflanzt werden. Im Sommer entnimmt man von der zu vermehrenden Sorte ein kleines Rindenstück mit einer Knospe, entfernt die Blätter und beläßt einen etwa 1 cm langen Blattstiel. Dieses Rindenstück wird nun mittels T-Schnitt an der Unterlage eingesetzt und mit Bast oder Gummibändern verbunden. Der Austrieb erfolgt erst im folgenden Frühjahr (Schlafendes Auge!).

Ablaktieren

Diese Methode wurde der Natur abgeschaut und stellt eigentlich eine Sonderform der Veredlung dar. Man hat zum Beispiel einen Baum mit interessanten Früchten, der nur durch Veredlung zu vermehren wäre. Es besteht aber keine Möglichkeit dazu. Man kann sich behelfen, indem man eine Unterlage knapp neben der zu vermehrenden Sorte pflanzt (oder eine in einem Container gezogene Pflanze dafür verwendet). Nun werden sowohl am Trieb der Edelsorte als auch am Trieb der „Unterlage" auf gleicher Höhe die Innenseiten angeschnitten und eng miteinander verbunden. Etwa im zweiten oder dritten Jahr trennt man den nun mit der Unterlage verwachsenen Trieb von der Mutterpflanze (Edelsorte), gleichzeitig entfernt man alle Triebe der Unterlage, die sich oberhalb der Verwachsungsstelle mit dem Trieb der Edelsorte befinden.

Rindenpfropfen
Sobald sich die Rinde im Frühjahr löst, kann man ein während der Winterruhe geschnittenes Edelreis mittels Kopulationsschnitt „hinter die Rinde" pfropfen. Einfache und verläßliche Methode!

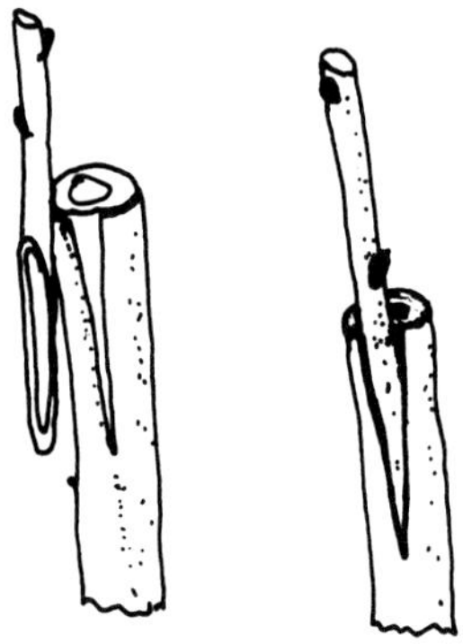

a *b*

Pfropfen hinter der Rinde

a) *Rindenschnitt an der Unterlage und Kopulationsschnitt am Edelreis*

b) *Fertige Veredlung vor dem Verbinden*

Kopulation
Sind Unterlage und Edelreis gleich dick, wird an beiden der Kopulationsschnitt (schräger Schnitt) durchgeführt, die beiden Sproßteile miteinander verbunden und die Veredlungsstelle mit Baumwachs verschmiert. Zur besseren Verwachsung kann man an beiden Teilen noch zusätzlich einen Längsschnitt (Gegenzunge, lt. Skizze) anbringen.

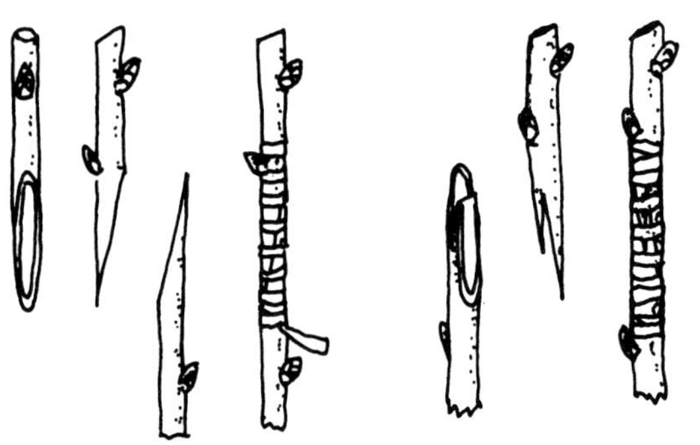

a *b*

Kopulation

a) *Einfache Kopulation – Schnitt an Edelreis und Unterlage, fertige Veredlung*

b) *Kopulation mit Gegenzunge – Schnitt an Edelreis und Unterlage, fertige Veredlung*

Geißfußpfropfen

Bei dünnen Reisern und dicken Unterlagen ausgeführt. Man bringt an der abgeschnittenen Unterlage einen keilförmigen Schnitt an, schneidet das Edelreis in der entsprechenden Form und schiebt dieses dann in den keilförmigen Schnitt an der Unterlage. Verbinden und verschmieren.

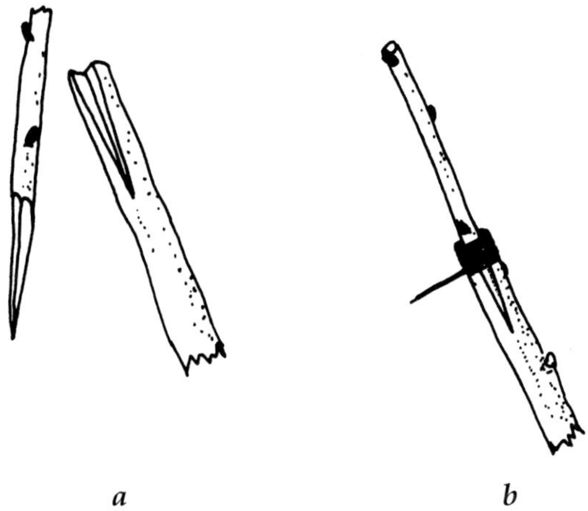

Geißfußpfropfen

a) *Schnitt an der Unterlage und am Edelreis*

b) *Fertig verbundene Veredlung (Geißfuß)*

Spaltpfropfen

Sind die Edelreiser sehr dünn und ist eine Geißfußveredlung nicht möglich, dann kommt das Spaltpfropfen zur Anwendung. Die Unterlage wird gekappt und mit einem scharfen Schnitt gespalten. Die dünnen Reiser werden beiderseits mit einem Kopulationsschnitt versehen und am äußeren Rand der Unterlage so eingefügt, daß sich Kambium (Rinde) mit Kambium (Rinde) deckt. Verbinden und verschmieren.

REZEPTE

Die im folgenden angeführten Rezepte sind als kleine Anregung zur Verwertung der Wildobstarten gedacht. Ausführliche Rezepte und was man sonst noch alles aus den Wildobstarten herstellen kann, sind der reichlich vorhandenen Fachliteratur zu entnehmen.

MINI-KIWI

MINI-KIWI-MARMELADE

1 kg reife Früchte
350 g Einkochzucker (1:3)
etwas Zitronensäure

Früchte reinigen, Stiele und Reste der Blüten entfernen, mit einem Mixer (Moulinette) zerkleinern, Fruchtmasse langsam aufkochen, Zitronensäure und Zucker einrühren, kurz aufkochen, sofort heiß in Gläser füllen, gut verschließen.

SCHWARZE APFELBEERE

APFELBEER-KOMPOTT

1 kg Apfelbeeren
½ l Wasser
300 g Zucker

Wasser aufkochen, Zucker darin auflösen, gewaschene Apfelbeeren zugeben. Nochmals auf 90 °C erhitzen, langsam abkühlen lassen (30–60 Minuten), das fertige Kompott in vorgewärmte Gläser füllen und bei 85 °C etwa 20 Minuten pasteurisieren.

APFELBEER-LIKÖR

¼ l Preßsaft
¾ l Weinbrand (38 Vol.-%)
200 g Zucker

Den Preßsaft mit Hilfe einer Fruchtzentrifuge gewinnen, mit Weinbrand und Zucker mischen. Einen Tag stehenlassen, filtrieren, abfüllen und in den Flaschen etwa 6 Wochen reifen lassen.

SCHEINQUITTE

SCHEINQUITTEN-GELEE

1 kg Scheinquitten
1 kg Zucker pro Liter Saft

Scheinquitten waschen, in Stücke schneiden. Diese in einen Kochtopf geben und mit Wasser auffüllen, bis die Fruchtstücke bedeckt sind. Kochen, bis die Früchte weich sind (etwa 10 Minuten), über Nacht stehenlassen. Am nächsten Tag die Masse, ohne zu rühren oder zu drücken(!), auf ein Geleetuch gießen und den Saft durchlaufen lassen. Die gewonnene Saftmenge abmessen und pro Liter Saft 1 kg Zucker dazugeben. Anschließend wird das Ganze unter Rühren zu Gelee gekocht.

QUITTENLIKÖR

1 l Quittensaft
400 g weißer Kandiszucker
1 l Branntwein oder Korn
20 bittere Mandeln
20 g Koriander

Quitten mit einem Tuch gut abreiben, auf einer Raspel raffeln und 24 Stunden im Keller oder Kühlschrank Saft ziehen lassen. Dann durch ein Tuch abseihen (etwa 1 l Saft wird benötigt) und den Saft mit dem Kandiszucker so lange kochen, bis sich dieser aufgelöst hat. Die Saftmischung mit Branntwein mischen, in Flaschen füllen und Mandeln sowie Koriander zugeben. Die Flaschen gut verschließen und mindestens 2 Monate kühl stehenlassen.

KORNELKIRSCHE

KORNELKIRSCH-SAFT

5 kg Kornelkirschen
600 g Zucker

Kornelkirschen waschen, zusammen mit Zucker im Dampfentsafter entsaften. Heiß in Flaschen füllen und mit Schraubverschlüssen oder Gummizapfen verschließen. Flaschen stehend, dunkel und kühl aufbewahren.

KORNELKIRSCH-MARMELADE

1 kg Kornelkirschen | *600 g Zucker*
½ l Wasser

Früchte in etwa ½ l Wasser weich kochen, durch ein Sieb passieren. Fruchtmark zum Kochen bringen, nach und nach Zucker hinzufügen und bis zur Marmeladenprobe eindicken.

Man kann auch 1 kg vollreife Früchte mit einem Oliven-Entkerner entkernen, mit etwas Wasser zum Kochen bringen, 1 kg Gelierzucker hinzufügen und bis zur Marmeladenprobe eindicken.

KORNELKIRSCH-SIRUP

½ kg Kornelkirschen | *1 kg Zucker*
¾ l Wasser | *Weinsäure*

Kornelkirschen waschen, im Wasser weich kochen, durchrühren und abseihen. Zucker zum Saft geben und bis zum Eindicken kochen, eventuell mit Weinsäure ansäuern.

KORNELKIRSCH-LIKÖR

7 kg reife Früchte | *½ Zimtstange*
2–3 Gewürznelken | *1¼ kg Zucker*
4 l Schnaps (60 % Tresterschnaps) oder Ansatzkorn

Früchte mit Schnaps, Gewürznelken und Zimtstange ansetzen. Diesen Ansatz 2–3 Monate kühl und dunkel aufbewahren. Anschließend abseihen und gesponnenen Zucker kalt (!) hinzufügen.

Verarbeitungsprodukte der Kornelkirsche ***Jolico*** *(Cornus mas)*

Falsche Oliven

500 g Kornelkirschen
3 dl Weißweinessig
2 dl Wasser
3 Nelken
2–3 Knoblauchzehen, halbiert
2 Lorbeerblätter
1 EL Senfsamen
1 TL Salz
5 Pfefferkörner

Die Kornelkirschen (unreife, grünrote Früchte!) waschen und in ein Tongefäß füllen, Weinessig hinzufügen, die restlichen Zutaten gemeinsam aufkochen und handwarm über die Kornelkirschen gießen. Kühl aufbewahren, innerhalb von maximal 3 Wochen aufbrauchen.

Kaltschale mit Kornelkirschen

500 g Kornelkirschen
2 dl Joghurt natur
2 dl Sauermilch
½ TL Vanille
2–3 EL Honig
2 EL Haferflocken, klein
2 EL Haselnüsse, gehackt
2 EL Honig

Kornelkirschen waschen, in 4 Coupe-Gläser verteilen, Joghurt mit Sauerrahm, Vanille und Honig glattrühren, über die Kornelkirschen gießen.

Haferflocken und Haselnüsse rösten, in eine Schüssel geben. Dieses warme Flocken-Nuß-Gemisch mit 2 EL Honig vermischen, auskühlen lassen und über die Kaltschalen verteilen.

Kandierte Kornelkirschen

500 g Kornelkirschen
650 g Zucker
¼ l Wasser
Puderzucker

Kornelkirschen waschen, 300 g Zucker in Wasser lösen und die Früchte darin kurz aufkochen (Früchte sollen nicht aufplatzen). Abgekühlte Lösung 1 Tag stehenlassen. Nach dem Abtropfen die Flüssigkeit wieder aufkochen, weitere 100 g Zucker zusetzen und heiß über die Früchte gießen. Dies täglich wiederholen, bis die restlichen 250 g Zucker verbraucht sind und die Lösung dick bleibt. In der letzten Zuckerlösung Früchte einige Tage liegenlassen. Das Ganze erwärmen, Zuckerlösung abtropfen und die Früchte gut trocknen lassen, am besten auf dem Kachelofen (falls vorhanden) oder im Backrohr bei max. 45 °C. Getrocknete Früchte in Puderzucker wälzen und in Schraubgläsern aufbewahren.

SANDDORN

SANDDORN-SAFT

2,5 kg Sanddornbeeren, vollreif
250 g Zucker

Sanddornbeeren mit Zucker im Dampfentsafter entsaften, den Saft in vorgewärmte Flaschen geben und gut verschließen.

SANDDORN-SIRUP

1 kg Sanddornbeeren, vollreif
¾ l Wasser
1,5 kg Zucker
3 TL Zitronensaft

Sanddornbeeren waschen, zerdrücken. Wasser aufkochen und über die Beeren gießen. Den Topf mit einer doppelten Lage Folie fest zubinden und 24 Stunden stehenlassen. Danach abseihen und den Zucker samt Zitronensaft einrühren. In kleine Flaschen abfüllen (bis 0,5 l) und 20 Minuten bei 70 °C pasteurisieren. Anschließend in Flaschen mit Korken oder Gummikappen verschließen. Vor dem Genuß mit Wasser oder Tee verdünnen.

SANDDORN-COCKTAIL

1 Glas Sanddornsüßmost
4 cl Wodka

Sanddornsüßmost mit Wodka mixen und servieren.

SANDDORN-QUITTEN-KONFEKT

200 g Sanddornsaft
400 g Quitten
400 g Zucker oder Honig

Quitten in Wasser weichkochen, abseihen, passieren, mit Sanddornsaft und Zucker oder Honig unter Rühren aufkochen. Kochen lassen, bis die Masse steif ist. Anschließend ca. 1 cm dick auf Pergament streichen, an einem warmen Ort langsam trocknen lassen und in kleine Stücke schneiden. Diese eventuell in Staubzucker wälzen.

Säfte, Ansatzschnäpse, Edelbrände und vieles mehr wird aus diversen Wildobstarten hergestellt

MISPEL

JOGHURT-EIS MIT MISPELN

8 reife Mispeln
80 g Zucker oder Honig
½ l Joghurt
2 EL Zitronensaft
50 g Nüsse, fein gehackt

Mispeln häuten, halbieren, entkernen. Die Hälften mit Zucker und Joghurt pürieren. Zitronensaft und zwei Drittel der Nüsse einheben. Masse in Förmchen füllen, 5 Stunden tiefkühlen. Mit den restlichen Nüssen und Mispeln garnieren.

Mispel-Topfen-Soufflé

¾ kg Mispeln
3 Eier
80 g Zucker oder Honig
¾ kg Magertopfen
Fett für die Form
⅛ l Obers
4 EL Orangenlikör
100 g Mandelblättchen
Salz

Mispeln enthäuten, entkernen, grob zerkleinern. Eidotter mit Zucker cremig schlagen. Topfen und Obers einrühren. Mispeln, Likör und die Hälfte der Mandeln untermischen. Eiklar mit einer Prise Salz steif schlagen, unter die Masse heben, in eine gefettete Auflaufform füllen. Mit den restlichen Mandelblättchen bestreuen. Bei 180 °C 25 bis 30 Minuten goldbraun backen.

FRUCHTROSEN

Hagebutten-Marmelade

500 g Hagebutten
2 Tassen Wasser
Saft einer Zitrone
½ Zimtstange
Samen aus 6 Kardamom-Kapseln
150 g Honig

Hagebutten putzen, mit 1 Tasse Wasser bedeckt über Nacht stehenlassen. Am nächsten Tag Wasser abgießen, Hagebutten mit 1 Tasse Wasser, Zitronensaft und Zimt weich kochen und durch ein Sieb passieren. Kardamom-Samen zerstoßen und mit Honig zum Hagebuttenmark geben. 10 Minuten schwach kochen lassen. Sofort in Gläser füllen und gut verschließen.

Hagebutten-Sosse (für Wildgerichte)

100 g frische Hagebutten, entkernt
⅛ l Rotwein
1–2 EL Wasser
1 TL Zucker oder Honig
Zitronenschale

Die Hagebutten in Wasser, Wein, Zucker und Zitronenschale weich kochen, passieren und dann dick einkochen. Warm oder kalt zu Wild reichen. Die kalte Soße kann mit geschlagenem Obers verfeinert werden.

HAGEBUTTENLIKÖR

1 kg Hagebutten
300 g zerstoßener, brauner Kandiszucker
4 Gewürznelken
½ Zimtstange
Zitronenschale
1,5 l Weinbrand

Von den Hagebutten die Blüten und Stengelansätze abschneiden. Die Früchte waschen und abtropfen lassen, halbieren und die Kerne herausschaben. Das Fruchtfleisch mit dem Kandiszucker mischen und zugedeckt über Nacht ziehen lassen. Die Mischung in eine bauchige Flasche füllen. Die Nelken, die Zimtstange und die Zitronenschalen zugeben. Die Flasche an einem hellen, sonnigen Patz 2 Monate ziehen lassen, abseihen und abfüllen.

SCHWARZER HOLUNDER

HOLUNDERBLÜTEN-SIRUP

10 Holunderblüten
1 l abgekochtes Wasser
50 g Zitronensäure
2 kg Zucker oder Honig
2 Zitronen, ungespritzt

Die Holunderblüten waschen, in ein hohes (Gurken)Glas geben, Wasser, Zucker und Zitronensäure rühren, bis der Zucker gelöst ist, und über die Blüten gießen. Die in Scheiben geschnittenen Zitronen dazugeben, gut umrühren und zugedeckt ca. 10 Tage stehenlassen. Täglich umrühren. In Flaschen abfüllen und diese gut verschließen. Vor Gebrauch stark verdünnen.

HOLLERRÖSTER / HOLLERKOCH

600 g Holunderbeeren
150 g Zwetschken oder Äpfel
⅛ l Wasser
150 g Zucker oder Honig
Nelken, Zimt
Mehl und Milch zum Binden

Wasser mit Gewürzen aufkochen, Obst zugeben und kochen, bis der Holler fast weich ist. Mit einem „G'machtl" (Milch + Mehl oder Obers + Mehl) eindicken. Mit Zucker und ev. Rum abschmecken. Dazu passen gut Buchteln, Topfenknödel, Grießschmarren oder andere warme Mehlspeisen.

HOLLER-BOWLE

5 Holunderblüten
1–2 l Grapefruit- oder anderer Fruchtsaft
6 EL Zucker oder Honig
1/16 l Arrak
2 Flaschen trockener Weißwein
1 Flasche Sekt

Holunderblüten waschen, mit Arrak, Saft und Wein übergießen. 6 Stunden stehenlassen, dann abseihen, mit Sekt aufgießen und mit Eiswürfeln genießen.

HOLUNDER-PUNSCH (BESONDERS FÜR KINDER GEEIGNET)

Saft und Schale von 1 Orange, ungespritzt
1 Zitrone, ungespritzt
1 l Holundersaft
Zucker
½ l schwarzer Tee
1 Stange Zimt
2 Nelken

Orange, Zitrone, Holundersaft und Tee mischen, Zimt und Nelken zugeben, erhitzen, mit Zucker nach Geschmack abschmecken und in Punschgläser füllen.

EDEL-EBERESCHE

VOGELBEER-MUS

½ kg Äpfel
½ kg Vogelbeeren
⅓ l Wasser
½ kg Zucker oder Honig
Nelken- und Zimtpulver

Äpfel und Beeren im Wasser 30 Minuten dünsten, pürieren, mit dem Zucker oder Honig vermischen, würzen und nochmals kurz aufkochen lassen. Heiß in saubere Gläser füllen, sofort verschließen.

VOGELBEER-SCHNAPS

½ kg Vogelbeeren
1 Vanilleschote
3 Pimentkörner
½ l Zwetschken-Schnaps
2–3 EL Honig

Die Vogelbeeren waschen und mit den Gewürzen im Schnaps 6–8 Wochen an der Sonne ziehen lassen. Dann abseihen, mit Honig süßen und in Flaschen abfüllen.

EBERESCHEN-GELEE

1 kg Ebereschen
½ l Wasser
Zucker

Ebereschen waschen, zerstampfen, und mit knapp ½ l Wasser weich kochen. Masse durch ein Tuch ablaufen lassen und etwas ausdrücken. Den erhaltenen Saft mit gleicher Menge Zucker bis zur Gelierprobe einkochen. Gelee ähnelt in Farbe und Geschmack dem von Roten Ribiseln.

Für Ebereschen-Apfel-Gelee halb und halb Ebereschensaft (Muttersaft) und Apfelsaft verwenden.

Gelierprobe: Einige Tropfen der Lösung auf einen Porzellanteller tropfen lassen. Teller schräg halten. Laufen die Tropfen ab, ist das Gelee noch nicht fertig; bleiben sie haften, ist das Gelee fertig. Gilt für alle Gelees.

EBERESCHEN-SÜSSMOST

Je Liter Ebereschen-Muttersaft: 2 l Wasser
300 g Zucker

Ebereschen waschen, mit Dampfentsafter oder durch Pressen entsaften (Muttersaft). Je Liter Muttersaft eine Zuckerlösung aus 2 l Wasser und 300 g Zucker zugeben, vermischen, in Flaschen füllen und 20 Minuten bei 75 °C pasteurisieren.

EBERESCHEN-KOMPOTT NACH PREISELBEER-ART

1 kg Ebereschen
Wasser
Zucker

Früchte waschen, in den Topf geben, so viel Wasser zugeben, daß der Topfboden gerade bedeckt ist. Weich kochen und darauf achten, daß die Früchte nicht platzen. Zucker nach Belieben zugeben und nochmals kurz aufkochen. In Gläser füllen und verschließen.

Verwendung: als Beilage zu Wild-, Rinder- und Sauerbraten; köstliche Süßspeise zusammen mit Schlagobers.

Die Rezepte wurden unter anderem der Broschüre „Wildobst", herausgegeben von der Bayrischen Lehranstalt für Weinbau und Gartenbau, sowie der Broschüre „Wildobst" der Umweltberatung Österreichs entnommen.

TABELLEN

Inhaltsstoffe und Verwertung der Wildobstarten

INHALTSSTOFFE DER WILDOBSTARTEN							
Wildobstart	Zucker (g/100g)	Säure (g/100g)	Pektin (g/100g)	Gerbstoffe (g/100g)	Vitamin C (mg/100g)	Vitamine (B_1, B_2, Provit. A)	Andere Inhaltstoffe
Apfelbeere	10–19	0,9	0,75	0,6–0,35	10–30	x	Anthocyane
Berberitze	5,5	3,0–11			20		
Brombeere	x	x	x		x	x	Flavone, Mineralstoffe
Cranberry	3,9–4,2	2,1–2,9			7,5–13,5	x	Anthocyane, Mineralstoffe
Doldige Ölweide	12	1,5			20		Eiweiß, Öle
Eberesche	9,4	2,3			50–120	x	Sorbit, ätherische Öle, Anthocyane
Edelkastanie	x				6-40		43 % Kohlenhydrate, 3 % Fett, Mineralstoffe
Elsbeere		x	x	x	x		Flavonolglycoside
Eßbare Eberesche	5–12	2,0–3,0			80–220	x	Sorbit, Carotin 10–15 %
Felsenbirne	x			x			Leucoanthocyane
Feige	15,7					x	Eiweiß 1,3 %, Fett 0,5 % (FG)
Haselnuß						x	60 % Fett, 14 % Eiweiß
Heidelbeere	x	x	x	x	x	x	Mineralstoffe
Himbeere	x		x		x	x	Mineralstoffe, Flavone
Johannisbeere	x	x	x	x	80–350	x	Pektin, Mineralstoffe
Kartoffelrose	x		x		x	x	
Kirschpflaume	x	x	x			x	
Korea-Kirsche	x	x				x	Farbstoffe, Mineralstoffe
Kornelkirsche	7,5–10,4	1,4–3,2	0,75		50–125		Duftstoffe, Anthocyane

Mahonie	9,8	48,7			x	x	Alkaloide, Oxyberin, Bervulcin, Berberin (gelber Farbstoff)
Maibeere	6–8	2–4			120		Anthocyan, Flavonoide, Rutin
Mehlbeere	x	x	x		x	x	
Mini-Kiwi	10–18	1,8	0,2		60–300	x	Vit. E, Mineralstoffe
Mispel	9,1–17,0	1,4–4,0	0,8–1,0	x	22–30		Mineralstoffe, Fett,
Preiselbeere	x	x	x	x	10–20	x	Mineralstoffe
Quitte	8,0	0,9	0,7		10–13	x	
Sanddorn	3,3–5,5	3,4			150–800	x	Vit. E, Öle, Mineralstoffe
Schlehdorn	4,6–10,7	0,4–2,8	0,4–0,5		45–60	x	
Schwarzer Holunder	14	2,8			20–100	x	Mineralstoffe, Glycosid Sambunigrin
Spaltkölbchen		18	x	x	x	x	im Samen: 2 % Öl, Schisandrin
Speierling	12,3	6,9	x	2,5–9,7			
Traubenkirsche	x	x			x		Mineralstoffe
Vitaminrose	14	x	3,2		250–2000	x	Mineralstoffe
Wacholder	x		x		x		Glycosid Juniperin, Mineralstoffe
Walderdbeere	x	x			60		Mineralstoffe
Weißdorn	19		x		–230	x	ätherische Öle, Mineralstoffe
Weiße Maulbeere	x	7	x		x		Öl, Eiweiß im Samen
Wild- u. Zierapfel	x	x		x	x	x	Mineralstoffe
Wildbirne	x	x	x	x			Rohfaser, Mineralstoffe
Zierquitte	1,7–3,2	3,8–7,2	1,3–2,8		80–150	x	Aromastoffe
Chinesische Kiwi	10	1,4	x		–300	x	Mineralstoffe

WILDOBSTARTEN – VERWERTUNG DER FRÜCHTE

Wildobstart	Frisch-verzehr	Marmelade, Gelee	Kompott	Trocknen	Gefrieren	Saft	Sirup	Kandierte Früchte	Wein	Likör	Schnaps, Branntwein
Apfelbeere		x	x	x	x	x		x		x	
Berberitze	x	x	x	x		x			x		x
Brombeere	x	x	x		x	x	x		x	x	x
Cranberry		x	x	x	x	x	x				
Doldige Ölweide		x								x	
Eberesche		x	x		x	x	x			x	x
Edelkastanie	geröstet	x						x			
Elsbeere		x	x							x	x
Eßbare Eberesche		x	x	x	x	x	x	x	x	x	x
Feige	x	x		x		x	x	x	x	x	x
Felsenbirne	x	x	x	x	x	x	x				x
Haselnuß	x	x		x							
Heidelbeere	x	x	x	x	x	x	x		x	x	x
Himbeere	x	x			x	x	x		x	x	x
Johannisbeere	x	x	x		x	x	x		x	x	
Kirschpflaume	x	x	x	x	x	x			x	x	x
Korea-Kirsche	x	x	x		x				x	x	
Kornelkirsche	x	x	x		x	x	x	x	x	x	x
Mahonie		x	x						x	x	
Maibeere	x	x	x			x					

Mehlbeere		x	x	x		x			x	x	
Mini-Kiwi	x	x		x	x	x	x		x	x	
Mispel	x	x	x			x			x	x	x
Preiselbeere	x	x	x		x	x	x		x		x
Quitte		x	x			x		x	x	x	x
Sanddorn		x			x	x	x			x	x
Schlehe		x	x	x		x			x	x	x
Schwarzer Holunder		x	x	x	x	x	x		x	x	x
Spaltkölbchen		x					x			x	
Speierling	x	x							x	x	x
Thuring. Eberesche		x	x							x	x
Traubenkirsche		x	x			x				x	
Vitaminrose		x				x			x	x	
Wacholder		x		x			x		x		x
Walderdbeere	x	x	x		x		x		x	x	x
Weißdorn		x	x	x		x			x		
Weiße Maulbeere	x	x		x							
Wild- u. Zierapfel	x	x	x						x	x	x
Wildbirne		x				x			x		x
Zierquitte		x	x			x		x	x	x	
Chinesische Kiwi	x	x	x			x	x		x	x	

LITERATURVERZEICHNIS

ALBRECHT H.-J., 1993: Anbau und Verwertung von Wildobst, Thalacker Verlag, Braunschweig

ALBRECHT H.-J., 1996: Wildobst – auch für Gärten interessant, Deutsche Baumschule 11/1996, S. 725–731

ARON A., MATHIAS M., NEUNTEUFEL H., 1998 : Wilde Früchte, Wildobst neu entdecken, Joanneum-Verein, Graz

BARON G., MENG Q., 1990: Chinesischer Weißdorn, Flüssiges Obst, Jg. 57, Heft 7/90, S. 453–456

BÄRTELS A., 1996: Ziersträucher mit eßbaren Früchten, Baumschulpraxis 11/96, S. 471–476

BÄRTELS A., 1989: Gehölzvermehrung, Verlag E. Ulmer, Stuttgart

BAYRISCHE LANDESANSTALT FÜR WEINBAU UND GARTENBAU, 1996: Wildobst, LVG-Abteilung Gartenbau, Veitshöchheim

BDB-HANDBUCH, 1985: Teil VI: Obstgehölze, Verlag Fördergesellschaft „Grün ist Leben“ Baumschulen mbH, Pinneberg

BDB-HANDBUCH, 1997: Teil VIII: Gehölze des mitteleuropäischen Raumes, Verlag Fördergesellschaft „Grün ist Leben“ Baumschulen mbH, Pinneberg

BUNDESSORTENAMT 1999: Beschreibende Sortenliste: Wildobstarten, Landbuch Verlagsgesellschaft mbH, Hannover

DIE UMWELTBERATUNG, 2001: Wildobst, Köstliche Früchte wiederentdecken und genießen, Broschüre des Verbandes der österreichischen Umweltberatungsstellen

EDER, R.,1990: Edel-Ebereschen auch für den Marktobstbau (2. Teil), Besseres Obst, 12/1990, S. 22–23

EDER, R.,1991: Die süße Eberesche, Garten 2/91, S. 80–82

EHARD W., GÖTZ E., BÖDEKER N., SEYBOLD, S., 2000: Zander, Handwörterbuch der Pflanzennamen, 16. Auflage, Verlag E. Ulmer, Stuttgart

FRIEDRICH G., SCHURICHT W., 1989: Seltenes Kern-, Stein- und Beerenobst, Verlag J. Neumann-Neudamm GmbH & Co. KG, Melsungen

FUNKE W., 1986: Der Obstgehölzschnitt: Obstbäume und Beerensträucher zweckmäßig schneiden und erziehen, BLV Verlagsgesellschaft, München

FUNKE W., 1997: Holunder für den Garten entdeckt, Eipeldauers Gartenmagazin, 10/97, S. 38–40

GRAU J., JUNG R., MÜNKER B., 1983: Beeren, Wildgemüse, Heilkräuter, Mosaik Verlag GmbH, München

KAUSCH-BLECKEN von SCHMELING W., 1994: Die Elsbeere, Eigenverlag Schmeling, Bovenden

KAUSCH-BLECKEN von SCHMELING W., 2000: Der Speierling, Eigenverlag Schmeling, Bovenden

KÖTTER E., 2000: Die Sache mit den Feigen – Sortenschutz auf bayrisch. Taspo – Das Magazin, 6/2000, S.38–39
KUMMERT F., 2001: Der Speierling, Obst – Wein – Garten, Nr. 5/2001, S. 19–21
KUMMERT F., 2001: Die Elsbeere, Obst – Wein – Garten, Nr. 11/2001, S. 3–5
KUMMERT F., 2002: Wildfrüchte – ein Überblick, Obst – Wein – Garten, Nr. 5/2002, S. 4–7
KUMP A., 1997: Schisandra chinensis (Turcz.) Baill. – Arzneipflanze und Beerenstrauch, in: Beiträge zur 1. Internationalen Wildfruchttagung, Berlin 18.–20. September 1997, Humboldt-Universität Berlin, Schriftenreihe des Fachgebietes Obstbau Nr. 11, Berlin
LIEBSTER G., 1988: Warenkunde Obst & Gemüse, Band 1, Morion Verlagsproduktion GmbH, Düsseldorf
MITSCHURIN I. W., 1950: Ausgewählte Werke, Verlag für fremdsprachige Literatur, Moskau
PELZMANN H., 1987: Kiwi-Kultur, Leopold Stocker Verlag, Graz
PIRC H., 1994: Cornus mas ‚Jolico' – 10 Jahre Versuchsarbeit, Gartenbauwirtschaft, 6/1994, S. 8–10
PIRC H., 1997: Wildfrüchte – voller Inhalt, Besseres Obst, 12/1997, S. 3–8
PIRC H., 1999: ‚Schönbrunner Gourmet-Dirndl', Gartenpraxis, 10/1999, S. 4
PIRC H., 1999: ‚Schönbrunner Gourmet-Dirndl', Obst – Wein – Garten, 8/99, S. 4
PIRC H., 1999: Cornus mas als „Alternative Obstart", Besseres Obst, 12/1999, S. 7–11
PIRC H., 2000: Dirndl-Zeit, Garten – Haus, 9–10/2000, S. 48–50
REICH L., 1992: Pawpaws have Potential, Fruit Grower, 4/1992, p. 30–31
STOLL K., GREMMINGER U., 1986: Besondere Obstarten, Verlag E. Ulmer, Stuttgart
WARDA H. D., 2001: Das große Buch der Garten- und Landschaftsgehölze, Bruns Pflanzen-Export GmbH, Bad Zwischenahn
WEISS H., GOSCH A., FISCHERAUER A., 2001: Beerenobst, Stocker Verlag, Graz
WILLKOMM, M., 1875: Forstliche Flora von Deutschland und Österreich, Winter'sche Verlagshandlung, Leipzig und Heidelberg

BEZUGSQUELLEN

Die meisten Markenbaumschulen sowie gut sortierte Gartencenter führen eine Vielzahl von heimischen Wildgehölzen, darunter auch zahlreiche Wildobstarten, die in diesem Buch behandelt werden.

Österreich

Baumschule Praskac, Praskacstraße 101–108, A-3430 Tulln / Donau; Tel.: 02272 / 62460-0, e-mail: office@praskac.at; www.praskac.at

Gartencenter Starkl, A-3430 Frauenhofen / Tulln, Tel.: 02272 / 64242, info: www.gaertner-starkl.at

Starkl Pflanzenversand Ges.m.b.H, A-3361 Aschbach-Markt, Tel.: 07476 / 76565

Verein Regionale Gehölzvermehrung NÖ mit Partnerbaumschulen, Tel.: 02952 / 2924 (Liste der Betriebe), www.rgv.or.at

Arche Noah, Obere Straße 40, A-3553 Schiltern; Tel.: 02734 / 8626-0;, e-mail: info@arche-noah.at; www.arche-noah.at

Baumschule Steiner, Ges.n.b.R., e-mail: office@baumschule-steiner.at

Deutschland

Ahornblatt GmbH, D-55001 Mainz, Postfach 1125, Tel.: 06131 / 72 354

Späth'sche Baumschulenbetriebs-GmbH, Späthstraße 80/81, D-12437 Berlin-Baumschulenweg, Tel.: 030 / 639 00 332

Baumschule Hofmann, Hauptstraße 36, D-91094 Langensendelbach, Tel.: 09133 / 4687, info: www.baumschule-hofmann.de

J. Schmitt, Hauptstraße 10, D-91099 Poxdorf, Tel.: 09133 / 1049

Klaus Ganter, Forchheimer Straße, D-79369 Wyhl a.K., Tel: 07642 / 1061, info: www.obstbau.de

Herr, Baumschulenweg 19–25, D-53340 Meckenheim, Tel.: 02225/ 94195, info: www.baumschule-herr.de

Horst Heckmann, Bühlweg 3, D-74259 Widdern, Tel.: 06298 / 92250

Helmut Arnold, Ohrnberger Steige 26, D-74613 Öhringen, Tel.: 07948 / 805

M. Brenninger, Hofstarring 57, D-84439 Steinkirchen, Tel.: 08084 / 7667, info: www.brenninger.de

Geisenheimer Baumschulen Bartsch, Nothgottestraße 4, D-65366 Geisenheim, Tel.: 06722 / 8820

Gärtner Pötsche Kaarst G.m.b.H, Beuthener Str. 4, OT Holzbüttgen, D-41561 Kaarst, Tel.: 0049 / 2131 / 793-0

Großversandgärtnerei Ahrends & Siebertz KG, Hauptstr. 436–440, OT Seligenthal, D-53721 Siegburg, Tel.: 0049 / 2242 / 8891-0

Baldur Garten G.m.b.H, Elbinger Str. 12, D-64625 Bensheim, Tel.: 0049 / 6251 / 103010

Schweiz

Häberli Obst- und Beerenzentrum GmbH, Postfach 166, CH–9315 Neukirch-Egnach, Tel.: 0041 / 71 / 474 70 70, e-mail: info@haeberli-beeren.ch; www.haeberli-beeren.ch